Leopardgeckos

Pflege • Zucht • Erkrankungen • Farbvarianten

von

Karsten Grießhammer & Gunther Köhler

mit

241 Farbfotos

11 Zeichnungen und Diagrammen

HERPETON
Verlag Elke Köhler

Titel vorne: Leopardgecko (*E. macularius*). Foto: S. Nieft
unten links: Schlupf. Foto: S. Heuser
unten rechts: "Giant Hyglo". Foto: A&M Gecko
Hintergrund: "Felsen" im Terrarium. Foto: S. Heuser

Abb. S. 1: Leopardgecko schaut aus seiner Höhle.
Foto: K. Grießhammer
Abb. S. 3: Jungtier im Terrarium. Foto: G. Köhler

Grießhammer, Karsten &
Köhler, Gunther

Leopardgeckos
Pflege, Zucht, Erkrankungen, Farbvarianten

Offenbach: Herpeton, 2006
ISBN 3–936180-17-2

Layout und Satz: Elke Köhler, Offenbach

Inhalt

Einführung und Dank

Zu den weltweit am häufigsten gehaltenen Reptilien gehören die Leopardgeckos. Sie lassen sich gut im Terrarium halten und sind auch für Anfänger in der Terraristik geeignet. Mit ihrer ansprechenden Zeichnung und Färbung sowie ihrem freundlichen, scheinbar ständig lächelnden Gesicht und ihren großen Augen sind sie echte Sympathieträger. Selbst Menschen, die Reptilien gegenüber eher ablehnend eingestellt sind, können sich meist schnell für Leopardgeckos „erwärmen". So haben sich „Leos" eine feste „Fangemeinde" erobert, die sich ständig vergrößert.

Leopardgeckos gehören zu den wenigen Reptilienarten, bei denen der Bedarf an Terrarientieren fast vollständig aus Nachzuchten gedeckt wird. Wir wollen mit diesem Buch eine Anleitung zur erfolgreichen Pflege und Vermehrung von Leopardgeckos geben. Dabei vermitteln wir Haltungs- und Zuchtempfehlungen, die sich bei uns und anderen Pflegern bewährt haben. Im Mittelpunkt dieses Buches steht *Eublepharis macularius*, der am häufigsten gehaltene Leopardgecko.

Abb. 1. Leopardgeckos haben sich eine große Fangemeinde erobert. Foto: U. Dost

Unser Dank gilt folgenden Freunden und Kollegen, die uns Fotos und Daten von Leopardgeckos zur Verfügung gestellt haben, oder deren Tiere oder Terrarien für das Buch fotografiert werden durften: A&M Gecko (amgecko), Daniel Bohle, Stefan Brech, Tanja und Dieter Burkart (Zoo Burkart), Ashok Captain, Theo Clanzett, Indraneil Das, Daniel Döring, Uwe Dost, Tobias Eisenberg, Diana und Oliver Fink (Aqua Terra Shop), Michael Glagla, Silvia Heuser, Ray Hine (rayhine), Tino Holfert, M. Kaftan, Johannes Knierer, Hartmut Koschorke (Terra-Reptica), Roman Kozmik, Sandra Nieft, Andreas Nöllert, Prehistoricpets, Janis und Marc Quintino, Ron Tremper, Bernd Stassen, Herbert Rösler, Jan Schneider, Milan Vesely, Paul Weaver (carolinaherps) und Marco Wolff. Bei Helmut Diethert und Stefan Brech bedanken wir uns für die kritische Durchsicht des Manuskriptes bzw. von Teilen des Manuskriptes. Hannelore Andree und Silvia Heuser sind wir sehr dankbar für das Anfertigen von Zeichnungen.

Beschreibung

Abb. 2. Portrait eines Leopardgeckos (*Eublepharis macularius*). Foto: S. Heuser

Leopardgeckos sind kräftige Echsen mit großem, deutlich vom Hals abgesetztem Kopf und gut entwickelten Gliedmaßen. Der Körper ist kräftig und leicht dorsoventral abgeflacht. Der Schwanz ist etwas kürzer als die Kopf-Rumpflänge. Der Rücken ist mit kleinen nebeneinanderliegenden Schuppen besetzt, in die größere Tuberkelschuppen eingestreut sind. Die Körperunterseite ist mit kleinen runden überlappenden Schuppen bedeckt.

Abb. 3. Leopardgecko (*Eublepharis macularius*, "Wildtyp")

Foto: H. Rösler

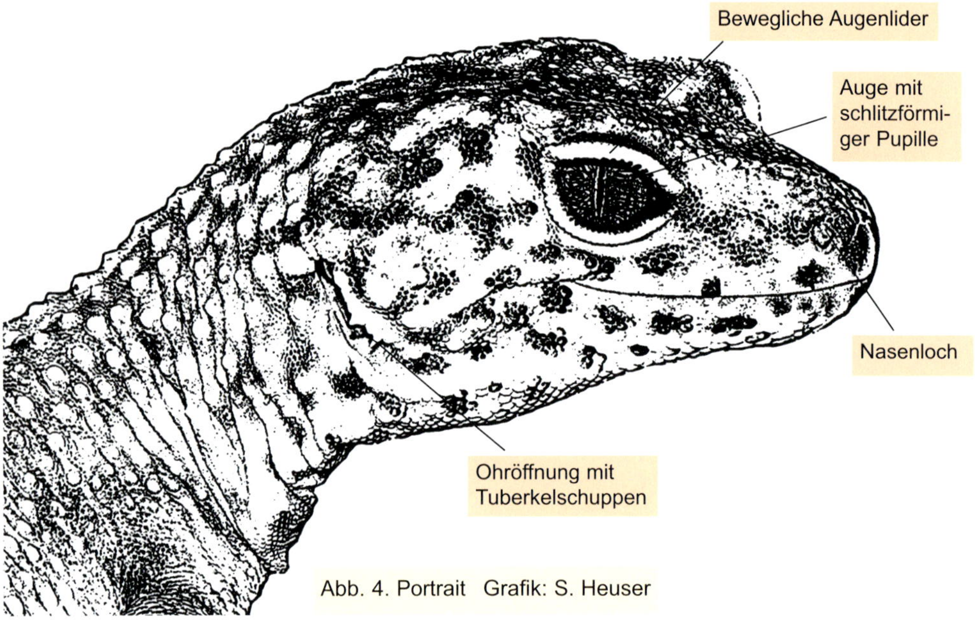

Abb. 4. Portrait Grafik: S. Heuser

Die Männchen weisen Präanalporen auf, die in zwei im Winkel zueinander stehenden Serien angeordnet sind. Eine Achseltasche (engl. „axillary pocket"), also eine häutige Einbuchtung direkt hinter dem Vorderbeinansatz, ist deutlich ausgebildet. Diese Achseltasche hat möglicherweise eine Bedeutung in Bezug auf Ektoparasiten, da Wildfänge oftmals Milben in diesen Taschen aufweisen (ANDERSON 1999). Die Konzentrierung der Ektoparasiten auf wenige Körperstellen hilft, die Schadwirkung zu reduzieren.

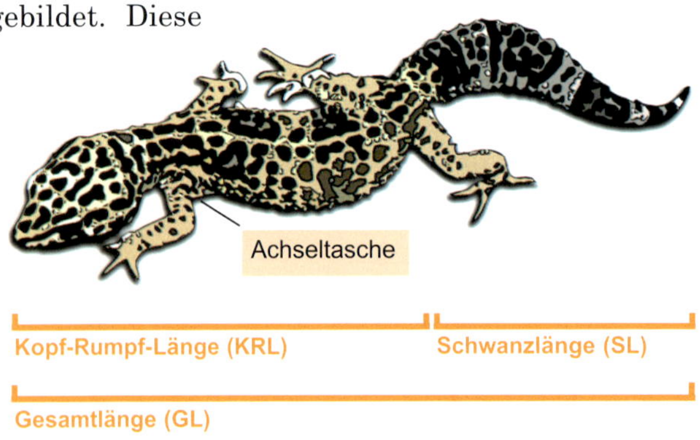

Abb. 5. Größe: Die Gesamtlänge beträgt bei ausgewachsenen Weibchen ca. 17-22 cm (KRL 10-13 cm); Männchen werden ca. 19-27 cm (KRL ca. 11-16 cm). Zeichnung: S. Heuser

Leopardgeckos haben 5 Zehen mit jeweils einer spitzen Kralle. Die Unterseite der Zehen ist mit Lamellenschuppen besetzt. Die Tiere laufen am besten auf relativ festem Untergrund. Feiner, wei-

Abb. 6. Unterseite des Fußes. Foto: S. Heuser

Abb. 7. Die Achseltasche hinter dem Vorderbein. Foto: S. Heuser

cher Sand wird in der Natur gemieden. Sie können relativ gut auf rauhem Untergrund klettern, auf glatten Gegenständen. z.B. Ästen rutschen sie ab. Auch ist es ihnen nicht möglich, senkrecht oder an glatten Scheiben zu klettern (wie das z.B. viele andere Geckoarten mit Haftlamellen können).

Der Schwanz der Leopardgeckos dient als Fett- und Energiespeicher und kann abgeworfen werden. Er wächst innerhalb weniger Wochen wieder nach, das Regenerat sieht aber anders aus (vgl. Seite 28, Abb. 53).

Ausgewachsene *Eublepharis macularius* haben eine dunkle Flecken- und Tupfenzeichnung, die stellenweise miteinander verbunden sein kann und zusammen mit der Färbung zu dem Trivialnamen Leopardgecko geführt hat. Individuumsabhängig sind einige mehr oder weniger ausgeprägte Querbänder sichtbar. Jungtiere sind ganz anders gezeichnet. Bei ihnen fällt auf, dass die Farben meist deutlich kräftiger sind und noch keine echte Tupfen vorhanden sind. Der Kopf ist auf der Oberseite durchgehend dunkel gefärbt, wobei vereinzelte weiße Punkte oder gerade im Bereich der Augen kleine blaue oder grünliche Flächen auftreten können. Im Nackenbereich schließt sich dann oft ein weißes Zügelband an. Es kann bereits bei den Supralabialia beginnen und sich dann im Bereich des Hinterkopfes und Nackens fortsetzen. Gelegentlich erstreckt es sich caudal noch ein wenig V-förmig entlang der Wirbelsäule. Auf dem Körper wechseln

Abb. 8. Der Schwanz dient als Energiespeicher. Foto: G. Köhler

Abb. 9. Kopfportrait. Foto: S. Heuser

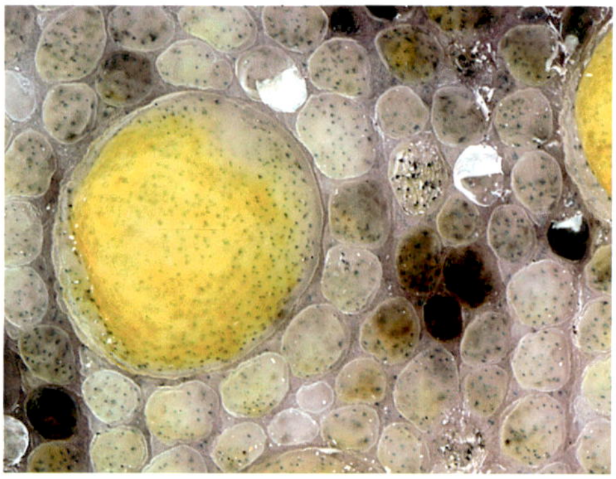

Abb. 10-11. Tuberkelschuppen.
Foto (oben): D. Bohle Foto (unten): S. Heuser

sich dann gelbe und dunkle querverlaufende Bänder ab. Zum Teil umschließen die schwarzen Bänder gelbe Flecken. Die Beine sind meist dunkel schattiert. Der Schwanz ist mit schwarzen und weißen Bändern gezeichnet. Die Bauchseite ist normalerweise zeichnungslos und gräulich bis strahlendweiß. Im Laufe des Wachstums lösen sich die dunklen Flächen kontinuierlich auf und gehen in die Fleckenzeichnung über, das weiße Band im Kopf-Nackenbereich verschwindet meist. WILMS (1989) hat die farbliche Entwicklung zweier weiblicher Jungtiere fotografisch festgehalten. Nach rund zwei Monaten waren bei beiden Tieren die Vorderbeine und wenig später die Hinterbeine umgefärbt, die Zeichnung auf dem Kopf zeigte zu diesem Zeitpunkt noch keine Veränderung. Die Veränderung der Zeichnung auf dem Rücken und dem Schwanz der Tiere war nach etwas mehr als vier Monaten abgeschlossen. Die beobachteten Tiere waren zu diesem Zeitpunkt noch nicht adult. Es wird eine Dauer von 12 bis 15 Wochen von Beendigung der Umfärbung bis zum Eintreten der Geschlechtsreife angegeben.

Die **biologische Funktion dieser Zeichnungsveränderung** ist noch unklar. WILMS (1989) zitiert in seinem Artikel KREUTZ, der einen Schlüpfling zu adulten Leopardgeckos setzte. Da dieser nicht als Beute angesehen wurde, könnte man daraus schließen, dass durch die Färbung, bzw. Zeichnung eine Fresshemmung ausgelöst wurde. Bei mir wurde ein missgebildeter Leopardgecko der Farbform "Patternless" sofort

Zeichnungsveränderung

Abb. 12–17. Zeichnungsveränderung. Im Alter von 2 Monaten haben die Jungtiere noch eine Bänderzeichnung.

Alter: 10 Monate.

Alter: 4 Monate. Die Bänderzeichnung löst sich immer mehr auf.

Alter: 1 Jahr.

Alter: 6 Monate.

Alter: 2 Jahre.

Fotos: S. Nieft

Abb. 18. Größenvergleich: Erwachsener Leopardgecko mit Jungtier. Achtung: Erwachsene Tiere nie mit Jungtieren zusammensetzen, da Gefahr von Kannibalismus! Foto: U. Dost

Abb. 19. (unten) Kopfportrait eines sehr schön gezeichneten *Eublepharis macularius*. Foto: D. Bohle

erbeutet und gefressen, was diese These unterstützt: Fehlende Bänderzeichnung würde fehlenden Fressschutz bedeuten. Allerdings ereilte bei mir ein normal gefärbtes Jungtier aus zufälligerweise im Terrarium inkubierten Eiern das gleiche Schicksal. Sollte bei der ausgeprägten Querbänderung tatsächlich eine Fresshemmung auftreten, kann es sein, dass deren Effektivität abhängig vom Ernährungszustand der adulten Geckos ist. Diese Vermutung wird von den Beobachtungen unterstützt, die Ron Tremper und Philippe de Vosjoli (Vosjoli et. al. 2005) sowie Huddleson (2000) bei Experimenten zum Kannibalismus machten. Bei ihnen zeigte sich, dass Jungtiere nur von sehr hungrigen Alttieren ergriffen wurden, die auf die Bewegung nahezu reflexartig zubissen. Vosjoli et. al. (2005) gehen davon aus, dass nach einer olfaktorischen Überprüfung Jungtiere unbehelligt bleiben.

Die Zeichnungen sind selbst bei Tieren aus einer Population zum Teil recht unterschiedlich und so können sogar Jungtiere eines Doppelgeleges oft anhand der Individualzeichnung unterschieden werden. Rösler (2005) gibt an, dass Wurfgeschwister gleich gefärbte Schwanzspitzen besitzen. Verschiedene Zuchtformen haben eine erheblich andere Jungtierfärbung. Die Farbform „Blizzard" ändert aufgrund ihrer Zeichnungslosigkeit kaum ihr Aussehen, wohingegen Tiere der Farbform „Patternless" (ehemals „Leuzistisch") als Jungtiere noch eine Punkt- oder Bänderzeichnung besitzen und erst im Laufe des Wachstums zunehmend zeichnungslos werden.

Ab einer ungefähren Gesamtlänge von 10 cm kann man die Zeichnung, die das Tier als adultes Tier tragen wird, bereits erahnen. Normalerweise bleiben dann alle schwarzen Zeichnungselemente schwarz, während hellgraue Bereiche meist verschwinden; dunkelgraue Elemente bleiben als Schattierung erhalten.

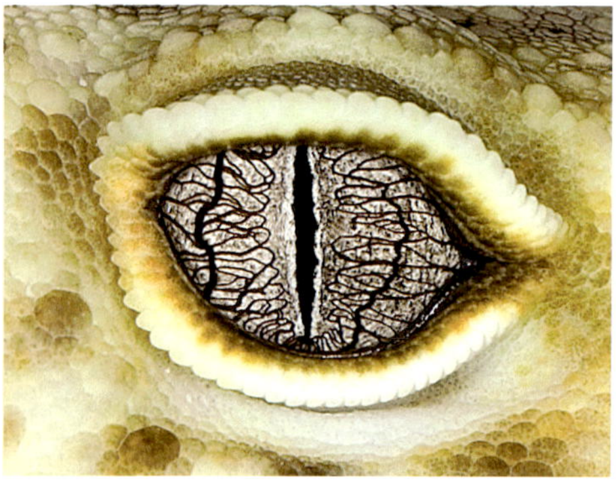

Abb. 20-21. Leopardgeckos sind dämmerungs- und nachtaktiv. Die Pupille passt sich den Lichtverhältnissen an.
Foto (oben): S. Heuser, (unten): K. Grießhammer

Abb. 22. Die Zunge wird zum Reinigen der Augen eingesetzt. Foto: S. Heuser

Die Sinne

Sehen

Der Ursprung des Familiennamens der Lidgeckos erklärt sich von selbst. Sowohl das Ober- als auch das Unterlid ist beweglich und kann das Auge vor Verletzungen schützen. So werden sie gerade beim Fressen großer Futtertiere fest zusammengepresst (vgl. Abb. 132, S. 72). Das Auge selbst besitzt eine Spaltpupille, ein typisches Merkmal für dämmerungs- und nachtaktive Tiere. Bei unterschiedlichen Lichtverhältnissen kann man sehr gut sehen wie sich die Pupille adaptiert: Je heller das Licht, desto schmaler wird der Pupillenspalt. Das Sehen ist für Leopardgeckos einer der wichtigsten Sinne und ist gut ausgeprägt. Sie sind in der Lage auch bei geringen Lichtverhältnissen noch über weitere Entfernungen Futter oder Feinde zu entdecken. Leopardgeckos reinigen hin und wieder ihre Augen mit der Zunge oder indem sie sie an rauhen Gegenständen reiben.

Geschmackssinn

Die an der Spitze leicht eingekerbte Zunge wird nicht nur benutzt um zu trinken und Nahrung ins Maul zu transportieren, sondern dient auch der Reinigung des Körpers. Ein weiterer wichtiger Verwendungszweck ist die Aufnahme von Geruchsstoffen. Von vielen Reptilien gerade Schlangen und Waranen weiß man, dass sie Geruchsstoffe aus der Luft mit der Zunge zu einem sogenannten Jacobson`schen Organ transportieren. Leopardgeckos können besonders durch das Belecken fester Gegenstände solche Geruchs-

Abb. 23. Mit der eingekerbten Zunge nimmt der Gecko Geruchsstoffe auf.
Foto: S. Heuser

Abb. 24. Ohröffnung mit Tuberkelschuppen.
Foto: S. Heuser

bzw. Geschmacksstoffe aufnehmen. Sie können so beispielsweise die Anwesenheit eines Konkurrenten oder die Verträglichkeit von Futter erschmecken (vgl. DEPERNO & COOPER 1996).

Hören und Lautäußerungen

Hinter den Augen ist die relativ große Ohröffnung gelegen. Man erkennt deutlich das Trommelfell, das von einigen Tuberkelschuppen geschützt wird. Es ist bemerkenswert, dass man unter entsprechenden Lichtverhältnissen bei genauer Betrachtung durch das Trommelfell hindurch sehen kann. Leopardgeckos können vermutlich überwiegend tiefere Töne hören, außerdem scheint das Hörvermögen abhängig von der Temperatur zu sein (WERNER & YEHUDAD 1976). Leopardgeckos sind zur Lautäußerung fähig. Besonders Jungtiere stoßen bei Gefahr laute Kreischtöne aus. Bei älteren Tieren werden diese Töne aber immer seltener.

Abb. 25. Leopardgeckos sind zur Lautäußerung fähig. Foto: D. Bohle

Fühlen

Die beschuppte Haut mag dick und rauh wirken, aber sie ist tatsächlich sehr sensibel. Die Tiere reagieren rasch selbst auf sanfte Berührungen und können selbst bei völliger Dunkelheit, z.B. in Höhlen, auf Gefahren reagieren. Zu diesem Zweck können sie auch Erschütterungen des Bodens wahrnehmen.

Geschlechtsunterschiede

Adulte Leopardgeckos entwickeln etwa ab dem zweiten bis dritten Lebensjahr einen Geschlechtsdimorphismus, eine geschlechtsspezifische Gestalt, an der das Geschlecht recht zuverlässig erkannt werden kann. Männchen wirken im Verhältnis zu gleichaltrigen Weibchen meist größer und kräftiger. Sie entwickeln einen breiteren Kopf und einen dickeren Nacken.

Bei der Betrachtung der Bauchseite kann man im Präanalbereich (zwischen Kloake und Bauch) eine V-förmige Reihe von **Poren** erkennen. Während diese bei den meisten Weibchen kaum zu erkennen sind, treten sie bei adulten Männchen deutlich hervor. Man kann mit genauerem Blick das Austreten einer wachsartigen Substanz beobachten. Durch Reiben der Beckenregion am Substrat können die Männchen hiermit Geruchsmarken setzen, die für den Menschen allerdings nicht wahrnehmbar sind. Mittels Binokular oder hochwertigen Lupen kann man mit viel Übung und guten Augen diese Poren bereits bei sehr jungen Geckos sehen (Tipp: mit einer hochauflösenden Digitalkamera Fotos des Kloakenbereiches schießen, die man am Computer stark vergrößern und vergleichen kann).

Ein weiteres Merkmal bei männlichen Exemplaren sind die Taschen, in denen sich die Hemipenes verbergen. Leopardgeckos haben wie alle Echsen zwei Hemipenes; bei der Paarung kommt aber immer nur ein Hemipenis zum Einsatz. Sie befinden sich an der Basis

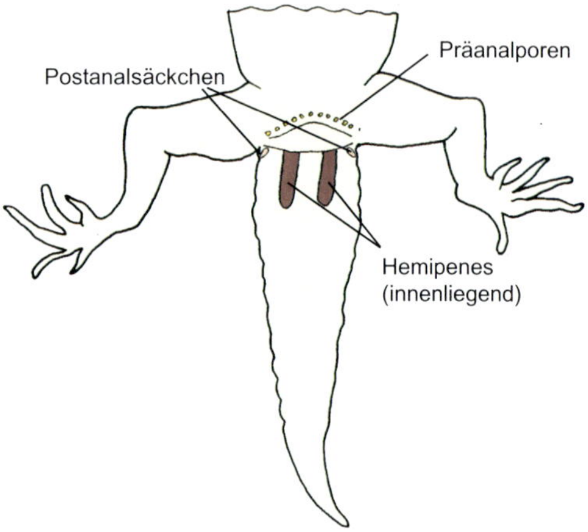

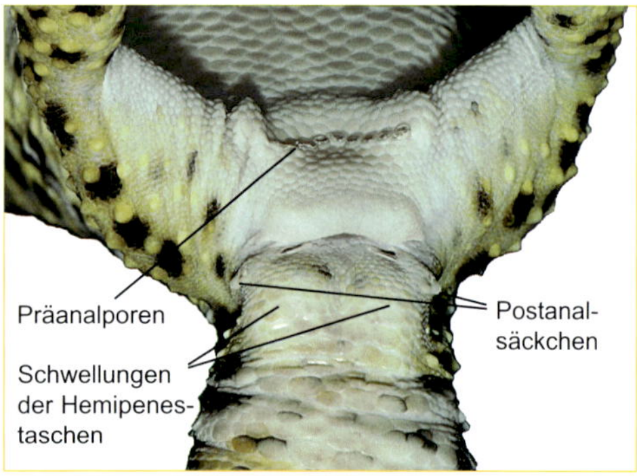

Abb. 26-27. Lage der Hemipenes und der Präanalporen beim Männchen. Foto: S. Heuser

des Schwanzes und sind auf der Unterseite als Schwellungen erkennbar. Da im Terrarium gepflegte Geckos zu Fettleibigkeit neigen und das Fett zu großem Teil im Schwanz gespeichert wird, kann es unter Umständen jedoch schwierig sein, die Hemipenistaschen klar auszumachen.

Die **Postanalsäckchen** kommen beim Männchen und beim Weibchen vor, sind beim Männchen in der Regel aber stärker ausgeprägt. Leider ist ihre Funktion noch nicht geklärt.

Weibchen

- kleinere Präanalporen als beim Männchen vorhanden
- kleinere Gestalt mit schmalerem Kopf und Nacken

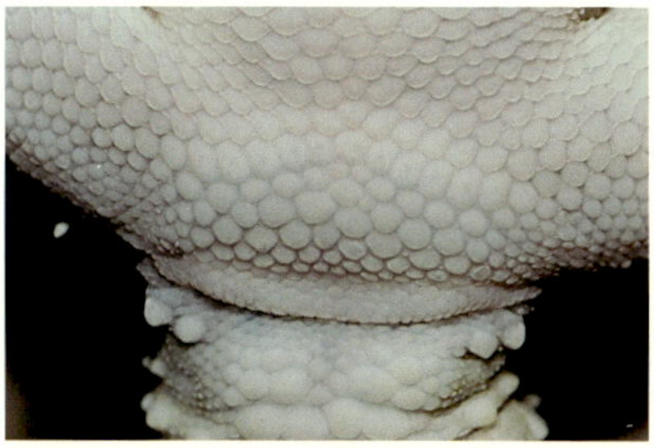

Abb. 28-29. Geschlechtsmerkmale beim Weibchen.

Um die Unterseite der Geckos zu beobachten, ohne sie dabei zu sehr zu stressen, was zu Bissen, Schwanzverlust oder dem Entkommen der Geckos führen kann, empfehlen wir, die Geckos hierzu in durchsichtige Boxen zu setzen.

Oftmals sind Männchen heller als Weibchen gefärbt; dies ist jedoch kein klares Kriterium für die Geschlechtsunterscheidung, sondern meist ein Ergebnis hoher Inkubationstemperaturen.

Männchen

- größere Präanalporen
- größere kräftigere Gestalt mit breiterem Kopf und Nacken
- Hemipenes vorhanden

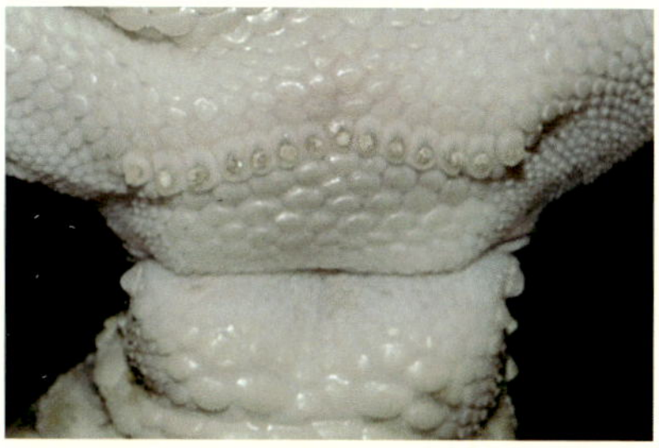

Abb. 30-31. Geschlechtsmerkmale beim Männchen. Fotos: G. Köhler

Anhand all dieser Merkmale sollte es nicht allzu schwierig sein, ab einem gewissen Alter das Geschlecht von Leopardgeckos zu bestimmen. Das Herausmassieren der Hemipenes, Sondierungen und andere manipulative Maßnahmen sind oftmals weder besonders zuverlässig noch notwendig und können zu erheblichen Verletzungen führen.

Abb. 32. Leopardgecko beim Aufnehmen von Wasser mit der Zunge. Foto: S. Heuser

Anatomie

Leopardgeckos haben Lippen, die jedoch nicht muskulös und daher unbeweglich sind. Die sehr bewegliche Zunge ist vorne geteilt und dient neben der Nahrungsaufnahme auch als ein wichtiges Hilfsorgan bei der Duftstoffkontrolle. Die durch das "Züngeln" an ihr haften gebliebenen Duftstoffe werden beim Zurückziehen der Zunge zu dem im vorderen Mundhöhlendach befindlichen Jacobsonschen Organ befördert und dort wahrgenommen.

Mund- und Rachenhöhle, Speiseröhre und Magen bilden den vorderen, der Dünndarm den mittleren und der Dickdarm (Colon und Rektum) sowie die Kloake den hinteren Abschnitt des Verdauungstraktes. Als Anhangsorgane des Verdauungstraktes sind insbesondere die Leber und die Bauchspeicheldrüse zu nennen.

Die Speiseröhre (Ösophagus) beginnt hinter der Luftröhrenöffnung (Glottis) und ist verhältnismäßig lang. Sie weist Längsfalten auf, die notwendig sind, um eine entsprechende Dehnung beim Durchtritt von Nahrungsbestandteilen zu ermöglichen. Die Speiseröhre verläuft dorsal von der Leber und mündet schließlich in den Magen. Der vordere (kardiale) Teil des Magens ist erweitert, weist noch wesentlich stärker ausgebildete Längsfalten als die Speiseröhre auf und befindet sich auf der linken Körperseite. Dorsal des Magens liegt die längliche Milz, die je nach Blutfülle eine blau- bis purpurrote Färbung besitzt. In seinem weiteren Verlauf zieht der Magen zur rechten Körperseite, wobei ihm die Bauchspeicheldrüse (Pankreas) eng anliegt.

Am Magenausgang (Pylorus) befindet sich vor der Einmündung in den Dünndarm ein wallförmiger Ringmuskel. Nahe des Pylorus münden Gallen- und Pankreasgang in den Dünndarm. Der Dünndarm öffnet sich in das mächtig erweiterte Colon. Das Colon verengt sich schließlich zum Rektum, welches in die Kloake mündet. Die Kloake wird in drei Abschnitte unterteilt, und zwar das Coprodaeum, in welches der Enddarm mündet, das

Urodaeum mit den Öffnungen der Harn- und Geschlechtsorgane und schließlich das Proctodaeum, welches den hinteren Abschnitt der Kloake bildet.

Das Herz der Leopardgeckos ist dreikammerig, da es nur ein unvollständiges Septum in der Hauptkammer aufweist. Allerdings kontrahiert erst die eine und dann die andere Hälfte der Kammer, was eine funktionelle Trennung mit sich bringt. Leopardgeckos verfügen über einen Nieren-Pfortader-Kreislauf, so dass das Blut der Hinterextremitäten zunächst durch die Nieren strömt.

Die braun- bis schwarzrote Leber beansprucht einen beträchtlichen Teil des vorderen Bauchraumes. Sie liegt hinter dem Herzen und besitzt einen Dorsal- sowie einen Ventrallappen. Die grüne Gallenblase ist am vorderen Teil des Ventrallappens lokalisiert.

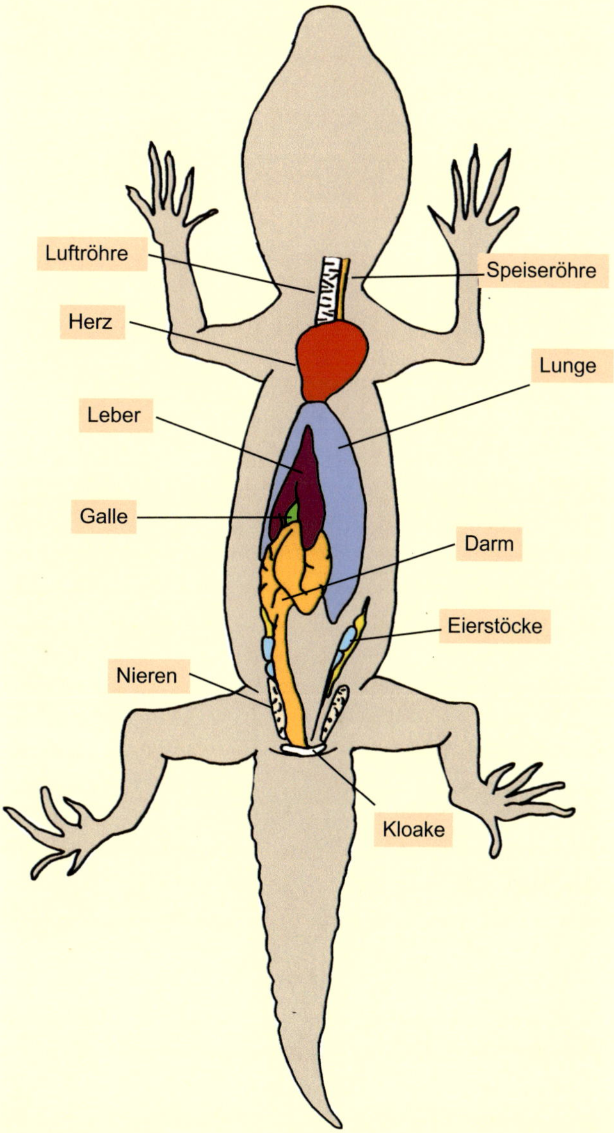

Abb. 33. Anatomie eines Leopardgeckos.

Name und Systematik

Leopardgeckos werden im Englischen als „Leopard Geckos". Der wissenschaftliche Gattungsname *Eublepharis* setzt sich zusammen aus *eu* (Gr. für „gut") und *blepharis* („Augenwimper") in Bezug auf die gut ausgebildeten Augenlider bei diesen Tieren. Die wissenschaftlichen Artnamen haben folgende Bedeutung: *macularius* = gefleckt; *fuscus* = dunkel; *turcmenicus* = der aus Turkmenistan stammende; *hardwickii* wurde zu Ehren von General R. HARDWICKE beschrieben; *angramainyu* ist abgeleitet von „Angra Mainyu" dem „Zoroastrian Spirit of Darkness", was sich auf die nächtliche Lebensweise der Geckos bezieht (ANDERSON & LEVITON 1966).

Nach dem aktuellen Stand werden die Lidgeckos als eigene Familie (Eublepharidae) von den übrigen Geckos (Gekkonidae) abgegrenzt (KLUGE 1987, GRISMER 1988, HAN et al. 2004). Innerhalb der Familie Eublepharidae werden zwei Unterfamilien unterschieden: zu den Eublepharinae zählen neben den Leopardgeckos (Gattung *Eublepharis*) vier weitere Gattungen (*Coleonyx, Goniurosaurus, Holodactylus* und *Hemitheconyx*), während die Unterfamilie Aeluroscalabotinae nur eine Gattung (*Aeluroscalabotes*) enthält. Es werden fünf Arten der Gattung *Eublepharis* unterschieden (DAS 1997, VOSJOLI et al. 2005): *Eublepharis angramainyu, E. fuscus, E. hardwickii, E. macularius* und *E. turcmenicus*. Davon ist *Eublepharis fuscus* die großwüchsigste Art und kann über 25 cm Kopf-Rumpflänge erreichen.

Die Anerkennung von Unterarten bei *Eublepharis macularius* ist umstritten. Manche Autoren unterteilen die Art in fünf Unterarten (vgl. EMBL Reptile Database Stand 2.2.2006; http://www.embl-heidelberg.de/~uetz/LivingReptiles.html): *Eublepharis m. macularius, E. m. afghanicus, E. m. fasciolatus, E. m. montanus* und *E. m. smithi*. Andere hingegen erkennen nur zwei Unterarten an (*macularius* und *afghanicus*) und weisen darauf hin, dass die übrigen Formen lediglich die extremen Randbereiche von klinaler Variation darstellen (VOSJOLI et al. 2005). Nach DAS (1990) handelt es sich bei *Cyrtodactylus madarensis* SHARMA, 1980 um ein Synonym von *Eublepharis macularius* (BLYTH, 1854). GRISMER (in ESTES & PREGILL 1988) hat *E. gracilis* and *E. afghanicus* mit *E. macularius* synonymisiert. *Eublepharis macularius fuscus* BÖRNER 1981 wurde von DAS (1997) in Artstatus erhoben.

Nach den Analysen von GRISMER (1988) sind *Eublepharis turcmenicus* und *E. macularius* Schwesterarten, und *E. angramainyu* ist wiederum die Schwesterart zu diesem Artenpaar; *E. hardwickii* nimmt eine basale Position in der Phylogenie der Gattung ein.

Die Arten der Gattung Eublepharis

Eublepharis angramainyu

Eublepharis fuscus

Eublepharis hardwickii

Eublepharis. macularius

Eublepharis turcmenicus

Checkliste der Leopardgeckoarten

Eublepharis angramainyu

1966 *Eublepharis angramainyu* ANDERSON & LEVITON, Occ. Pap. Cal. Acad. Sci. 53: 1-5. Terra typica: Alte Straße zwischen Masjid-i-Suleiman und Batwand, Khuzistan Provinz, Iran. Holotype: CAS 86384.

1986 *Eublepharis ensafi* BALOUTCH & THIREAU, Bulletin Mensuel de la Societe Linneenne de Lyon 55(8): 281-288. Terra typica: Fakke, ca. 150 km N Ahvaz, Iran. Holotypus: Musée Facultë des Sciences de Tehran 456.

Beschreibung: Subdigitallamellen glatt; Rückentuberkel kleiner als Zwischenräume zwischen den Tuberkeln; Postmentalia in Kontakt mit erstem Unterlippenschild; Bauchschuppen hexagonal; Männchen mit einer nicht unterbrochenen Reihe von 11-17 Präanalporen; Präanalporen erkennbar bei adulten Weibchen; 3 ventrale Querreihen von Schuppen pro Schwanzsegment; eine helle Vertebrallinie, die beiderseits von einem unterbrochenem schwarzen Streifen begrenzt wird, reicht vom Hinterhaupt bis zur Schwanzbasis.

Verbreitung: Östlich-zentraler Irak, westlich-zentraler Iran, nordöstliches Syrien (westliche Abhänge der Zagros-Berge und obere Tigris-Euphrates-Region), Türkei (südöstliches Anatolien); 300-1000 m NN. (ANDERSON & LEVITON 1966, GÖCMEN et al. 2002, ANDERSON 1999).

Abb. 34. *Eublepharis angramainyu.* (Iran)
Foto: M. Kaftan

Abb. 35. *Eublepharis fuscus* (Maharashtra, Indien)
Foto: A. Captain

Eublepharis fuscus

1981 *Eublepharis macularius fuscus* BÖRNER, Saurologica 3: 4; Terra typica: 60 km N Bombay, Indien. Neotypus: BMNH 1047 (DAS 1997).

Beschreibung: Subdigitallamellen glatt; 8 Postnasalia; Postmentalia in Kontakt mit erstem Unterlippenschild; 7-8 Supralabialia; Mentale länger als breit; 54-55 Augenlidschuppen; Rückentuberkel gut ausgebildet und spitz zulaufend, Tuberkeldurchmesser in der Regel größer als Zwischenräume; Bauchschuppen hexagonal; 8-16 Präanalporen, Serien medial durch 1-4 Schuppen unterbrochen; ein helles querverlaufendes Rückenband vorhanden.

Verbreitung: Westliches Indien (nördliches Karnataka, Maharashtra und Gujarat).

Eublepharis hardwickii

1827 *Eublepharis hardwickii* GRAY, in HARDWICKE & GRAY, Zool. J. 3: 213-229. Terra typica: Chittagong, Penang.

1847 *Gymnodactylus lunatus* BLYTH (nomen nudum fide SMITH 1935), in CANTOR, T.E.: Catalogue of the reptiles inhabiting the Malayan Peninsula: 27.

Beschreibung: Subdigitallamellen mit kleinen Tuberkeln; 6 Postnasalia; Postmentalia in Kontakt mit erstem Unterlippenschild; Rostrale zweimal so breit wie hoch; Mentale breiter als lang; Rückentuberkel flach, Tuberkeldurch-

Abb. 36. *Eublepharis hardwickii* (Barbara Forest, Orissa, Indien). Foto: I. Das

Abb. 37. *Eublepharis macularius afghanicus.* Foto: R. Kozmik

messer deutlich größer als Zwischenräume; Bauchschuppen rundlich; 17 Präanalporen, Rücken mit zwei breiten dunklen Querbändern, die auch bei den erwachsenen Tieren erhalten bleiben.

Verbreitung: Östliches Indien (Anaimalay Hills), Bangladesh.

Eublepharis macularius

1854 *Cyrtodactylus macularius* BLYTH, J. Asiatic Soc. Bengal 23: 738. Terra typica: Salt Range, Punjab, Indien. Holotypus befindet sich im Indian Museum, Calcutta (LEVITON & ANDERSON 1970).

1864 *Eublepharis fasciolatus* GÜNTHER, Ann. Mag. nat. Hist. (3) 14: 429. Terra typica: Hyderabad, Sindh.

1974 *Eublepharis gracilis* BÖRNER, Misc. Art. Saurology 4: 7. Terra typica: unbekannt. Holotypus: „Der Holotypus der neuen Art befindet sich im Schauterrarium des Aquariums am Zoo zu Köln; nach seinem Tode wird er in mein Eigentum übergehen." (BÖRNER 1974).

1976 *Eublepharis macularius montanus* BÖRNER, Saurologica 2: 9. Terra typica: Kach, Sibi District, Pakistan. Holotypus: AMNH 88582.

1980 *Cyrtodactylus madarensis* SHARMA, Bulletin of the Zoological Survey of India 3(1-2): 111. Terra typica: Nähe Madar T. B. Sanitorium C. 5 km NW Ajmer (Rajasthan, Indien), 263 m. Holotypus: ZSI V/1215.

1981 *Eublepharis macularius smithi* BÖRNER, Saurologica 3: 1-7.

Beschreibung: Subdigitallamellen mit kleinen Tuberkeln; 6 Postnasalia; Postmentalia in Kontakt mit erstem Unterlippenschild; Rostrale zweimal so breit wie hoch; Mentale breiter als lang; 46-57 Augenlidschuppen; Rückentuberkel gut ausgebildet und spitz zulaufend, Tuberkeldurchmesser in der Regel größer als Zwischenräume; Bauchschuppen rundlich, in 21-30 Querreihen in Körpermitte; 5-9 Präanalporen, Serien medial durch 1-4 Schuppen unterbrochen; 3 ventrale Querreihen von Schuppen pro Schwanzsegment; dorsale Schuppen von regenerierten Schwänzen rundlich und leicht konvex; Rücken mit Fleckenzeichnung, die nicht längslinear angeordnet ist; zwei helle querverlaufende Rückenbänder vorhanden.

Unterarten:

Eublepharis macularius macularius und *Eublepharis macularius afghanicus.*

1976 *Eublepharis macularius afghanicus* BÖRNER, Saurologica 2: 10. Terra typica: Jalabad, Afghanistan. Holotypus: FMNH 161142.

Verbreitung: Afghanistan, Pakistan, westliches Indien (Rajasthan, Ajmer, Madar foot hills), Irak, Iran.

Abb. 38. *Eublepharis turcmenicus* Foto: H. Rösler

Eublepharis turcmenicus

1977 *Eublepharis turcmenicus* DAREVSKY, in BANNIKOV et al., 1977: 83-84; Type locality: Bakharden, Kopet Dag, Turkmenistan. Holotype: ZIL 10103. Terra typica: Nahe Ashkhabad, Turkmenistan.

Beschreibung: Subdigitallamellen mit schwach entwickelten, kleinen Tuberkeln, terminale Lamellen ungeteilt; Postmentalia nicht in Kontakt mit erstem Unterlippenschild; Rostrale 1,5mal so breit wie hoch; Mentale breiter als lang; 54-55 Augenlidschuppen; Rückentuberkel gut ausgebildet und spitz zulaufend, weit auseinanderliegend; Bauchschuppen hexagonal, in 20-22 Längsreihen; 5-9 Präanalporen, Serien medial durch 1-4 Schuppen unterbrochen; 3-4 ventrale Querreihen von Schuppen pro Schwanzsegment; dorsale Schuppen von regenerierten Schwänzen rundlich und leicht convex; Elemente der Kopf- und Rückenfärbung nicht linear angeordnet oder zu Längsstreifen zusammenfließend.

Verbreitung: Kopet Dagh-Region im nördlichen Iran und angrenzendes Turkmenistan.

Bestimmungsschlüssel für die Arten der Gattung *Eublepharis*

1a 5-9 Präanalporen; erstes Unterlippenschild nicht in Kontakt mit Postmentalia .... ***Eublepharis turcmenicus***

1b 11-17 Präanalporen; erstes Unterlippenschild in Kontakt mit Postmentalia **2**

2a Adulte Exemplare mit „Jungtierzeichnung“ (zwei breite dunkle Rückenbänder ohne Flecken); Tuberkelschuppen auf Rücken flach und sich berührend .... ***Eublepharis hardwickii***

2b Adulte Exemplare mit Fleckenzeichnung; Tuberkelschuppen auf Rücken konisch, spitz zulaufend und sich nicht berührend **3**

3a Subdigitallamellen jeweils mit mehreren Tuberkeln .... ***Eublepharis macularius***

3b Subdigitallamellen glatt **4**

4a Rücken ohne helle Vertebralline; 7-8 Supralabialia; Mentale länger als breit; Schuppen auf Kopfoberseite flach .... ***Eublepharis fuscus***

4b Rücken mit heller Vertebralline; 10 Supralabialia; Mentale breiter als lang; Schuppen auf Kopfoberseite konisch .... ***Eublepharis angramainyu***

Verbreitung, Lebensraum und Lebensweise

Die Arten der Gattung *Eublepharis* sind in mehreren, voneinander isolierten Arealen im südwestlichen Asien verbreitet; man findet sie in folgenden Ländern: Irak, Iran, Turkmenistan, Afghanistan, Pakistan und Indien (ANDERSON 1999). Dort bewohnen die Leopardgeckos halbtrockene bis trockene Lebensräume, vor allem felsige Steppen, Wüsten und Halbwüsten

Als dämmerungs- und nachtaktive Bodenbewohner verbringen die Tiere den Tag in ihren Verstecken (Erdhöhlen, Hohlräume unter Steinen, Felsspalten, verlassene Nagetierbauten) und kommen erst mit Anbruch der Dunkelheit ins Freie. Dann gehen sie auf Nahrungssuche; sie fressen an Insekten, Spinnentieren und kleinen Wirbeltieren alles, was sie überwältigen und herunterschlucken können.

Da die Veröffentlichungen von Freilandbeobachtungen zu Leopardgeckos rar gesät sind, kann man zu den natürlichen Feinden überwiegend nur Vermutungen abgeben. Es gibt eine Beob-

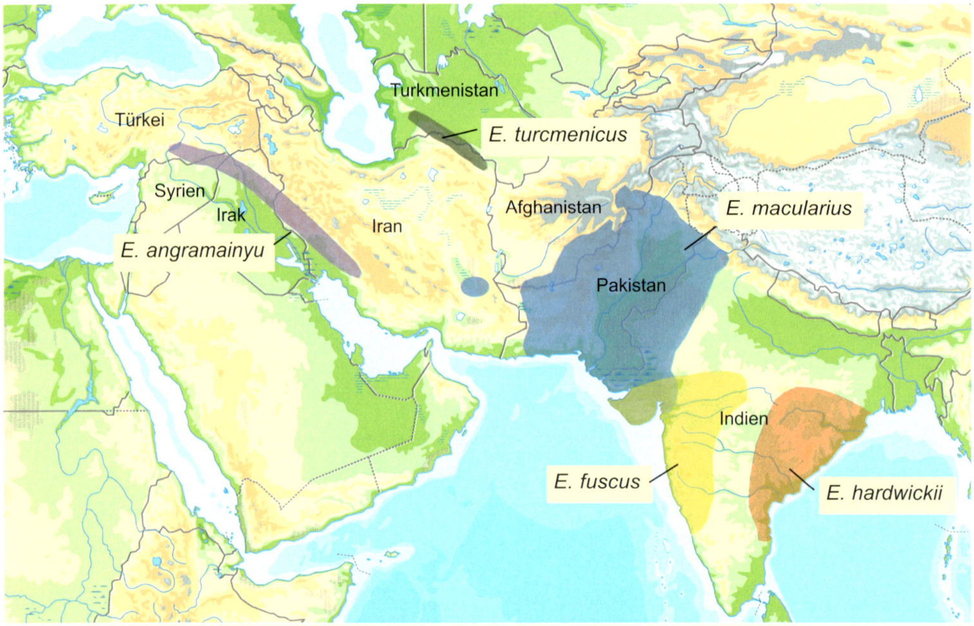

Abb. 39. Ungefähre Verbreitung der Arten der Gattung *Eublepharis*.

Abb. 40. Habitat von *Eublepharis turcmenicus* in Turkmenistan. Foto: A. Nöllert

achtung zu einem Angriff durch eine Moschusspitzmaus (*Suncus murinus*) (KUMAR-SHARMA 1995); ansonsten kommen zahlreiche Säugetiere, Reptilien, Vögel, Skorpione und Skolopender als Beutegreifer in Betracht. Aufgrund des großen Verbreitungsgebietes ist nicht von einer generellen Bestandsbedrohung durch den Menschen auszugehen. Lokal können jedoch Populationen beispielsweise durch Baumaßnahmen oder Aufsammlungen für den Tierhandel in Bedrängnis geraten.

Abb. 41. Tagsüber suchen die Geckos gerne Felsspalten oder alte Mauern mit Spalten als Rückzugsorte aus (Indien, Great Thar Desert Jaisalmer). Foto: S. Heuser

Verhalten

Weibliche Leopardgeckos sind in aller Regel anderen Weibchen und Männchen gegenüber sehr tolerant. So findet man häufig zwei oder mehr Geckos, die gemeinsam eine Höhle nutzen. Sie suchen hierbei nicht die Nähe zu einem anderen Tier, sondern tolerieren sich einfach.

Abb. 42. Bei Anbruch der Dämmerung gehen die Geckos auf Futtersuche. Foto: S. Nieft

Wenn sich zwei Männchen begegnen, beginnen beide mit Vibrationsbewegungen der Schwanzspitze (die man auch außerhalb des Terrariums noch gut vernehmen kann), um sich dann mit durchgestreckten Beinen und hoch erhobenem Körper zu umkreisen. Wenn sich daraufhin keiner der Kontrahenten rasch zurückzieht, attackieren die Geckos einander. Diese Kämpfe können schwere Verletzungen hervorrufen und in den beengten Verhältnissen eines Terrariums, in denen keines der Tiere dauerhaft fliehen kann, sind Kämpfe bis zum Tod eines der Tiere möglich. Nach BRILLET (1990) können Männchen die Weibchen nicht optisch als solche erkennen. Vielmehr sind sie auf olfaktorische Reize – Duftstoffe – angewiesen. Diese nehmen sie durch Bezüngeln des Bodensubstrates

Abb. 43. "Pärchen" im Terrarium. Foto: S. Heuser

Abb. 44. Weibchen sind sehr tolerant.
. Foto: S. Heuser

Abb. 45. Mit der Zunge werden Duftstoffe aufgenommen. Foto: S. Heuser

bzw. der Körperoberfläche des anderen Tieres auf. Ihrerseits hinterlassen die männlichen Leopardgeckos Duftmarken, indem sie ihre Präanalporen auf den Boden drücken und durch seitwärtige Hin- und Herbewegungen des Hinterleibes Duftstoffe abgeben.

Abb. 46. Pärchen beim Paarungsverhalten.
.

Abb. 47. Der Pfleger sollte darauf achten, dass kein Tier im Terrarium unterdrückt wird.
Fotos: S. Heuser

Abb. 48. Abwehrverhalten: Um größer zu erscheinen, werden die Beine durchgedrückt und der Rücken hochgebogen. Foto: S. Heuser

Wenn sich Leopardgeckos bedroht fühlen und keine Fluchtmöglichkeit sehen, drücken sie ihre Beine durch und stellen sich möglichst hochbeinig auf, z.T. biegen sie dann noch den Rücken zum „Katzenbuckel" durch, um möglichst groß zu wirken. Dieses kann von einem knarrenden oder quakenden Ton unterstützt werden. Diese Lautäußerungen werden überwiegend von Jungtieren abgegeben, aber auch adulte Tiere sind hierzu in der Lage. Wenn diese Drohungen noch nicht den gewünschten Effekt zeigen, laufen oder springen die Tiere in die Richtung der Bedrohung und beißen unter Umständen zu.

Abb. 49. Jungtiere stoßen beim Abwehrverhalten oft schrille Laute aus. Foto: S. Heuser

Leopardgeckos haben kräftige Kiefer, die im schlimmsten Fall kleine aber schmerzhafte blutende Wunden hinterlassen können. In die Hand genommen können sich Geckos um ihre eigene Achse drehen. Hierbei kann sich beispielsweise ihre Haut verletzen. Muss man ungestüme Tiere überhaupt in die Hand nehmen, ergreift man sie im Idealfall so, dass ihre Beine an den Körper gedrückt werden und man sie mit der gerade nötigen Kraft fixiert.

Abwerfen des Schwanzes

Ein Merkmal, das Leopardgeckos mit anderen Reptilien teilen, ist die **Autotomie**, also die Fähigkeit, den Schwanz abzuwerfen. Dazu finden sich in den Schwanzwirbeln Sollbruchstellen („fracture planes"), an denen die Abtrennung erfolgt. Da sich die Blutgefäße bei der Schwanzautotomie automatisch verschließen, bleiben Blutungen praktisch aus. Der Schwanz wächst binnen einiger Wochen wieder nach. So findet man gerade bei vielen Wildfängen eigentümlich gewachsene Schwänze. Hierbei handelt es sich um Regenerate. Ein regenerierter Schwanz sieht anders aus als der ursprüngliche und wird aufgrund seiner Form als Rübenschwanz bezeichnet. Er ist nicht mehr gewirtelt, fühlt sich sehr weich an, hat nur noch sehr kleine granuläre Schuppen und die Zeichnung ist oftmals aufgelöst. In Einzelfällen (z.B. bei unvollständigem Verlust des Schwanzes) kann es sogar passieren, dass er sich gabelt und zwei Spitzen ausbildet (Vosjoli 2004).

Die Fettspeicherfunktion des Schwanzes bleibt erhalten und der Gecko kann auch dieses Regenerat wieder verlieren. Das Abwerfen des Schwanzes verläuft instinktiv und kann sogar noch bei leicht betäubten Leopardgeckos erfolgen (Thorogood & Whimster 1979). Im Terrarium zeigen eingewöhnte Tiere

Abb. 50. Schwanzende 2 Stunden nach dem Abwerfen des Schwanzes. Foto: S. Heuser

Abb. 51. ... die gleiche Stelle nach 3 Wochen. Foto: S. Heuser

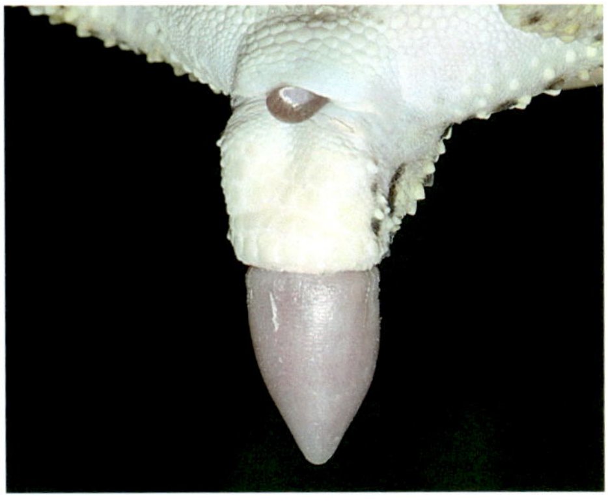

Abb. 52. Der Schwanz wächst rübenförmig innerhalb weniger Wochen wieder nach. Foto: D. Bohle

dieses Verhalten jedoch kaum noch, lassen sich zum Teil sogar von ihrem Pfleger am Schwanz hochheben. Dieses sollte man jedoch definitiv nicht tun, da es immer wieder passieren kann, dass der Gecko seinen Schwanz dann doch verliert.

Die meisten Autotomien des Schwanzes in der Terrarienhaltung passieren bei hungrigen Jungtieren, die sich im Eifer in den Schwanz eines anderen Junggeckos verbeißen oder bei streitenden Alttieren (v.a. Männchen). Ein Gecko, der seinen Schwanz abwirft, verliert einen großen Teil seines Fett- und Energiespeichers, den er schnellstmöglich wieder regenerieren muss. Deshalb sollte das betroffene Tier separat gesetzt (Vermeidung von innerartlichem Stress und von Nahrungskonkurrenz) und besonders reichhaltig und abwechslungsreich ernährt werden, bis der Schwanz nachgewachsen ist. Weibchen, die ihren Schwanz verloren haben sollten solange nicht zur Zucht verwendet werden, bis dieser vollständig regeneriert ist.

Abb. 53. Schwanzregenerat eines üppig genährten männlichen Leopardgeckos.
Foto: G. Köhler

Ein für den Pfleger praktisches Verhalten stellt die Angewohnheit der Leopardgeckos dar, feste **Kotplätze** „einzurichten". Hierzu wählen sie einen bestimmten Ort, meistens in einer Ecke ihres Terrariums, für ihre regelmäßigen Geschäfte. Es kommt nicht selten vor, dass diese Kotplätze von mehreren Bewohnern eines Terrariums genutzt werden.

So nützlich dieses für die regelmäßige Pflege ist, umso ärgerlicher kann es für den Pfleger werden, wenn ungünstige Stellen ausgewählt werden. So haben manche Geckos eine besondere Vorliebe für die Lüftungsgitter oder besonders attraktive Einrichtungsgegenstände, die dann innerhalb kurzer Zeit unansehnlich werden, oder sie verlegen ihre diesbezüglichen Aktivitäten an kaum erreichbare Plätze, zum Teil sogar in Höhlen. Wenn man dieses Verhalten ändern und die Toilettenplätze verlegen möchte, muss man kreativ werden. Oftmals reicht es aus, den beliebten Platz unerreichbar zu machen, bzw. mit für Reptilien geeigneten Desinfektions- und Reinigungsmitteln duftneutral zu säubern und gefundenen Kot an andere Plätze zu legen, die man selbst als geeigneter ansieht. Auch wenn diese Methode oft zum Erfolg führt, muss man allerdings genauso oft vor der hartnäckigen "Dickköpfigkeit" der Leopardgeckos kapitulieren.

Auch im Freiland findet man Kotplätze der Leopardgeckos (Szczerback & Golubev 1986).

Reptilien gelten bei vielen Menschen als rein instinktgesteuert. Dass jedoch Erfahrung einen erheblichen Einfluss auf das Verhalten von Leopardgeckos nimmt, konnte in einer Studie von SAKATA et. al. (2002) nachgewiesen werden. Sie machten Versuche mit Leopardgeckos und stellten fest, dass Männchen, die früh Kontakt zu Weibchen hatten, ein deutlich ausgeprägteres Bewegungs- und Duftstoffmarkierungsverhalten und eine höhere Paarungsaktivität zeigten als Männchen, die erst nach einigen Jahren mit Weibchen vergesellschaftet wurden.

Abb. 55. Wärmespots werden im Terrarium gerne aufgesucht. Foto: S. Nieft

Thermoregulation

Als wechselwarme Tiere können Reptilien nur in sehr geringem Maß selbst Wärme produzieren. Sie sind also stark von ihren Umgebungstemperaturen abhängig, um ihren Stoffwechsel inklusive Verdauung optimal ablaufen zu lassen.

Abb. 54.Zur Thermoregulation suchen die Geckos gerne warme Steinplatten auf. Foto: T. Holfert

Leopardgeckos entstammen subtropisch/tropischen Trockengebieten mit kontinentalem Klima und sie können in Gebirgen bis zu großer Höhe vorkommen. Dieses bedeutet, dass sich im natürlichen Lebensraum der Leopardgeckos heiße trockene Sommertage mit kühlen Nächten und noch kälteren Wintern abwechseln. So kann es tagsüber so hohe Temperaturen geben, dass die Leopardgeckos ohne kühle Verstecke einen Hitzetod sterben würden. Nachts hingegen kann es im Winter so kalt werden, dass den Geckos der Erfrierungstod drohen würde, wenn sie sich nicht in tiefliegende Höhlen zurückziehen würden.

Abb. 56. Um der Hitze oder Kälte zu entgehen, ziehen sich die Leopardgeckos in Höhlen oder Spalten zurück. Foto: S. Nieft

Die Geckos mussten also Strategien entwickeln, um ihre Körpertemperatur in einem für sie geeigneten Bereich zu halten. ANGILETTA et al. (1999) untersuchten im Labor die bevorzugte Körpertemperatur von Leopardgeckos und ermittelten einen Durchschnittswert von 28,2° (+/- 0,6). Es zeigte sich, dass dieser Wert bei juvenilen und adulten Tieren nahezu identisch ist. Auffallend war, dass die Geckos zum Ende des Tages eine höhere Temperatur als vormittags bevorzugten – es liegt die Vermutung nahe, dass dies mit der beginnenden Aktivitätszeit der Leopardgeckos zusammenhängt. Vermutlich suchen die Echsen auch im Freiland tagsüber unterschiedlich wärmeexponierte Plätze auf, um die bevorzugte Körpertemperatur zu erreichen und zu halten. Auch wenn es hierzu keine Beobachtungen gibt ist anzunehmen, dass Leopardgeckos in ihren Herkunftsländern den heißesten und kältesten Temperaturen entgehen, indem sie sich in tiefreichende Höhlen oder Spalten zurückziehen. Sie wechseln also je nach Bedarf zwischen oberflächennahen und oberflächenfernen Orten. Auch im Terrarium kann man beobachten, wie die Geckos sich abends auf Steine legen und dabei ihren Körper andrücken, um so die gespeicherte Restwärme aufzunehmen (Konduktionswärme).

Abb. 57. Jeden Moment beginnt die Häutung.
Foto: S. Heuser

Häutung

Wer unvorbereitet zum ersten Mal einen in Häutung befindlichen Leopardgecko beobachtet, erschrickt womöglich wegen des „zerfledderten" Aussehens des Tieres. Ihre erste Häutung vollziehen die Geckos unmittelbar nach dem Schlupf aus dem Ei und dann in unregelmäßigen Abständen bis zum Ende ihres Lebens. Durch das rasche Wachstum häuten sich junge Leopardgeckos häufiger als ältere Tiere. SCHIFTER (1988) gibt für einen adulten Gecko einen ungefähren Abstand von vier Wochen zwischen zwei Häutungen an. Die Häutungen spielen sich meist in der Hauptaktivitätszeit, also abends und nachts ab, und können bereits nach wenigen Stunden komplett abgeschlossen sein. So bekommt der Pfleger von diesem Vorgang oftmals nichts mit.

Abb. 59. Wer zum ersten Mal einen Gecko in der Häutung sieht, erschrickt vielleicht.
Foto: K. Grießhammer

Abb. 58. Häutungshemd des Kopfes.
Foto: S. Heuser

Abb. 61-64. Der Vorgang der Häutung.
Fotos: S. Heuser

Aber warum häuten sich Leopardgeckos überhaupt? Die Epidermis, die äußere Schicht der Oberhaut, wird ständig durch Umweltreize und Alterungsprozesse beschädigt und muss sich dem Körperwachstum anpassen. So müssen immer wieder neue Hautzellen herangebildet werden. Der äußerste Hautabschnitt stellt eine Hornschicht aus toten Zellen dar, die regelmäßigen erneuert werden muss. Während wir Menschen uns unserer Hautreste kontinuierlich in kleinen Schüppchen entledigen, häuten sich Leopardgeckos – wie alle Reptilien – immer in großen Stücken. Zeitweise liegt über der neuen Haut die alte und gibt den Geckos erst eine weißgetupfte und schließlich eine milchig erscheinende Oberfläche. Durch die entstehende Spannung platzt diese nun unbelebte Haut auf, reißt immer weiter ein und wird schließlich in Fetzen abgeworfen.

Die Häutung ist kein rein passiver Vorgang; vielmehr unterstützen die Echsen dies, indem sie sich an rauen Oberflächen reiben und sich verstärkt in ihre feuchte Höhle zurückziehen. An allen erreichbaren Stellen ergreifen die Geckos die sich lösende Haut mit ihrem Maul und ziehen sie vorsichtig ab, um sie dann zu fressen. Es wird jedoch nicht immer die gesamte Haut gefressen, sondern es können auch einige Reste im Terrarium zurückbleiben. Wenn einmal eine Haut des Kopfes im Terrarium verbleibt und genauer untersucht wird, kann man bemerken, dass sich auch die Haut über den Augen erneuert. Im Normalfall ist die Häutung ein Vorgang, bei der die Echsen keinerlei Hilfe benötigen, sie sollten lediglich keinem besonderen Stress ausgesetzt werden.

Abb. 65-67. Im Idealfall wird die sich lösende Haut ergriffen und abgezogen, um sie zu fressen. Fotos: S. Heuser

Probleme bei der Häutung

Es kommt jedoch vor, dass sich Häutungsreste nicht lösen. Diese können besonders im Bereich der Extremitäten (Schwanzspitze, Finger und Zehen!) zu Einschnürungen führen. Diese Einschnürungen schränken die Blutzirkulation mitunter derart ein, dass Gewebe abstirbt. Nach erfolgter Häutung wirft man also einen genauen Blick auf den Schwanz, die Beine und ganz besonders auf die Zehen. Wenn sich nach einigen Tagen hartnäckige Häutungsreste noch nicht gelöst

Checkliste Häutungsprobleme vermeiden:

- Sind ausreichend raue Gegenstände (z.B. Steine oder Rinden) im Terrarium?
- Haben die Tiere ständig feuchte (nicht nasse) Höhlen zur Verfügung?
- Ist die Ernährung ausgewogen und enthält genügend Mineralstoffe und Vitamine?

Abb. 68. Es sollte darauf geachtet werden, dass an der Schwanzspitze und an den Zehen keine Häutungsreste zurückbleiben. Foto: S. Heuser

haben, kann man den Vorgang durch vorsichtiges Einreiben mit Speiseöl oder Vaselinesalbe unterstützen und schließlich sehr vorsichtig versuchen, die Reste manuell zu entfernen (mit einer Pinzette abzupfen). Stellen Sie den Leopardgeckos unbedingt feuchte Höhlen zur Verfügung, da diese den Häutungsvorgang unterstützen. Sollten bei mehreren Häutungen Probleme auftreten, ist auch die Vitamin-Mineralstoffversorgung zu überprüfen.

Auch dauerhaft zu hohe Luftfeuchtigkeit im Terrarium kann Häutungsprobleme hervorrufen. Man kann häufig Leopardgeckos sehen, denen einzelne oder mehrere Zehen, bzw. Zehenglieder fehlen. Neben Bisswunden ist dies ganz überwiegend auf eine mangelhafte Häutung in diesem Bereich zurückzuführen (s. S. 136, Abb. 245).

Während man kleine Häutungsreste auf dem Kopf des Geckos getrost noch eine Weile an Ort und Stelle belassen kann, sind die Zehen häufiger zu kontrollieren und man muss gegebenenfalls eingreifen. Ganz hartnäckige Fälle müssen vom Tierarzt behandelt werden. Sollte man im Terrarium augenscheinlich nach dem Fressen wieder herausgewürgte Häutungsreste finden, kann dieses ein Anzeichen für eine schwere Erkrankung sein.

Abb. 69. Dieser Leopardgecko hat bei der Häutung keine Probleme. Foto: S. Heuser

Abb. 70. Felsvorsprung als Ruheplatz. Foto: S. Heuser

Schlafen

Als dämmerungs- und nachtaktive Tiere verbringen die Geckos den Tag meist in ihrer Höhle und schlafen. Man kann sie aber auch manchmal außerhalb der Höhlen beim Dösen beobachten.

Abb. 71. Ein Blumentopf wird auch mal als Kopfstütze zum Dösen benutzt. Foto: S. Nieft

Abb. 72. Den Tag verbringen die Tiere meist in einer Höhle. Foto: S. Heuser

Abb. 73. Müder (gesunder!) männlicher Leopardgecko. Foto: S. Heuser

Pflege

Abb. 74. Wer sich Leopardgeckos anschaffen möchte, sollte vor dem Erwerb für eine optimale Unterbringung sorgen. Foto: M. Wolff

Vor dem Kauf

Wenn Sie planen, Leopardgeckos zu pflegen, sollten Sie sich vor dem Kauf sicher sein, dass sie den Tieren optimale Bedingungen bieten können. Lassen Sie sich nicht nur im Zoohandel beraten, sondern tauschen Sie sich auch mit anderen Haltern aus. Im Idealfall sollten Sie sich bei einem erfahrenen Halter die nötigen Handgriffe zeigen lassen. Fragen Sie sich:

- Leopardgeckos sind dämmerungs- und nachtaktiv, bin ich bereit, tagsüber ein scheinbar leerstehendes Terrarium in der Wohnung stehen zu haben?
- Bin ich mir bewusst, dass Leopardgeckos keine „Streicheltiere" sind?
- Bin ich mir im Klaren darüber, dass Leopardgeckos auf die Fütterung mit lebenden Insekten angewiesen sind, die im Einzelfall entkommen oder durch ihre „Zirpgeräusche" stören können?
- Bin ich bereit, die Kosten für die Anschaffung sowie dann die fortlaufenden Kosten für Strom, Futter, Tierarzt und ähnliches aufzubringen?

Sollten Sie nicht alleine leben, ist es dringend zu empfehlen, die Anschaffung mit den Mitbewohnern abzusprechen. Die Pflege von Leopardgeckos macht sehr viel Freude, bedeutet jedoch auch persönliche Einschnitte.

Bevor Sie einen oder mehrere Geckos erstehen, sollten Sie bereits so viel wie möglich über diese Tiere wissen und zumindest ein voll eingerichtetes und funktionsfähiges Terrarium besitzen. Klären Sie ab, wo in Ihrer Nähe ein Tierarzt ist, der sich mit Reptilien auskennt, woher Sie regelmäßig Futterinsekten erhalten und wer die Urlaubsbetreuung übernehmen kann. Lassen Sie sich bei der Entscheidung viel Zeit, damit es für Sie im Nachhinein keine böse Überraschung gibt und nicht im schlimmsten Fall die Tiere leiden müssen.

Abb. 75. Jungtiere (ca. 3 Monate) v.l.n.r.: Blizzard, Wildtyp und Albino. Foto: G. Köhler

Rechtliches

Leopardgeckos werden schon viele Jahrzehnte als Terrarien- und somit Haustiere gepflegt. Dennoch gibt es immer wieder Vermieter und in Mehrparteienhäusern Nachbarn, denen die Pflege von Reptilien äußerst suspekt ist und die versuchen mietrechtlich gegen die Haltung vorzugehen.

Generell ist zu sagen, dass Tierhaltung generell nicht verboten werden kann. Kleintiere, die in Vivarien gehalten werden, sind in aller Regel erlaubt und zu diesen gehören neben Goldfischen und Meerschweinchen eben auch Leopardgeckos. Dieses ändert sich erst dann, wenn Futtertiere entweichen oder durch Geruch die Nachbarschaft gestört wird. Leopardgeckos müssen im Gegensatz zu etlichen anderen Reptilien nicht behördlich angemeldet werden. Gewerbliche Zuchten sind jedoch genehmigungspflichtig.

Auswahl eines Leopardgeckos

Trotz der intensiven Zucht von Leopardgeckos werden jedes Jahr noch immer mehrere hundert Leopardgeckos für die Terrarienhaltung nach Deutschland importiert. Das übliche Prozedere ist, dass die Geckos von Hand in ihrem Ursprungsland gefangen werden und dann beim Exporteur gehältert werden, bis sie in ausreichender Zahl vorhanden sind und von einem Importeur geordert werden. Bis sie im Zoohandel auftauchen, sind sie oftmals sehr geschwächt. Sie waren meist gezwungen, in großer Zahl ohne adäquate Wasser- und Futterversorgung unter ungünstigen hygienischen Bedingungen zu leben. So findet man im Handel mitunter bemitleidenswerte Geckos, die jegliche Fettreserven aufgebraucht haben. Solche Tiere sind in den Händen eines Anfängers falsch aufgehoben. Mitleidskäufe bringen meist nur hohe Kosten und Frust, wenn bei den Tieren bereits sehr starke Infektionen und Organschädigungen aufgetreten sind. Ein bereits erfahrener Terrarianer hat mitunter mehr Glück bei der Wahl eines Wildfangtieres. Wildfänge sollten innerhalb kurzer Zeit mit Ringer-Lactat oder anderen Nährlösungen, behelfsweise auch isotonischen Sportgetränken, gegen Dehydration behandelt werden.

Mittlerweile sind in Deutschland mit wenig Aufwand zu jeder Jahreszeit Nachzuchten erhältlich, oftmals sogar günstiger als Wildfänge – ein Umstand, der unseres Erachtens den Erwerb von Wildfängen nicht mehr rechtfertigen lässt. Ein oft genanntes Argument ist der Wunsch nach „Auffrischung des Blutes“. Gemeint ist hiermit die Vergrößerung des Genpools um eine genetische Verarmung in den bestehenden Zuchtbeständen zu verhindern. Aufgrund der großen Anzahl der bis jetzt importierten Ausgangstiere und der einfachen Möglichkeit, Zuchttiere mit anderen Haltern zu tauschen, ist dieses Argument zum momentanen Zeitpunkt jedoch hinfällig. Aber auch der Erwerb von Nachzuchten entbindet den Käufer nicht von einigen wichtigen Grundregeln. Ob man sich für den Kauf bei einem Privatzüchter, auf einer Reptilienbörse oder bei einem Händler entscheidet, muss jeder selbst entscheiden. Eventuell kann man sich hierbei über einen örtlichen Terrarienverein oder das Internet mit Gleichgesinnten über deren Erfahrungen austauschen.

Es sei gerade dem Anfänger empfohlen, Jungtiere zu erwerben, die mindestens drei Monate alt sind, da sie zu diesem Zeitpunkt bereits meist einen stabilen Gesundheitszustand erreicht haben. Normalerweise bekommt man eine ganze Gruppe von Leopardgeckos gezeigt. Die Unterbringung der Geckos sollte hygienisch sein und alle Tiere wohlgenährt und gesund erscheinen.

Wenn man die Höhle, in der sich die Geckos verbergen, anhebt, werden diese sich in aller Regel hochbeinig aufstellen und versuchen, in eine andere Höhle zu fliehen, den Störenfried zu attackieren – oder gerade sehr junge Tieren werden vielleicht laut quieken. Alle Tiere, die besonders dünn sind oder sich selbst auf Berührung kaum bewegen, sollte man auf alle Fälle meiden. Sollte in einer Gruppe ein Tier krank erscheinen, muss man damit rechnen, dass es eine übertragbare Erkrankung hat und andere Geckos bereits ebenfalls infiziert sind. Die Geckos müssen einen sicheren Gang haben.

Bitten Sie den Verkäufer, ein paar Futtertiere in das Terrarium zu geben. Sicherlich werden auch tagsüber einige der immer hungrigen Geckos Jagd auf die Insekten machen. Leopardgeckos, die sich als erste ans Fressen begeben, sind häufig die stärksten Tiere in der Gruppe.

Nachfolgend die wichtigsten Kriterien, die nach optischen Gesichtspunkten für einen gesunden Gecko sprechen. Dass das Tier tatsächlich gesund ist weiß man so aber noch nicht und man kommt nicht umhin, eine Quarantäne durchzuführen.

Abb. 76. Beim Großhändler: Die Korkplatten (mit Abstandhaltern) wurden zu Fotozwecken angehoben). Foto: K. Grießhammer/J. Eckert

Abb. 77. Auf Störung reagierende Leopardgeckos. Foto: D. Bohle

Ist der Leopardgecko gesund?

- Setzen Sie einen Gecko, der ihnen gefällt vorsichtig in ein durchsichtiges Gefäß und betrachten Sie ihn genau.
- Er muss eine gerade gewachsene Wirbelsäule und gerade Beine haben.
- Die Fettreserven im Schwanz sollten gefüllt und somit prall erscheinen, die Beckenknochen dürfen nicht besonders hervortreten.
- Die Augen müssen klar sein und dürfen weder den Anschein erwecken, als ob sie hervortreten oder besonders tief in den Augenhöhlen liegen würden.
- Betrachten Sie auch den Kiefer: Die Schnauze muss symmetrisch gerade gewachsen sein und es sollte kein unnatürlichen Überbiss vorhanden sein.
- Die Kloake muss sauber und darf nicht mit Kot verklebt sein.
- Betrachten Sie genau sämtliche Körperöffnungen und Hautfalten. Mitunter lassen sich hier sehr kleine Spinnentiere ausmachen – Milben. Diese sind nicht lebensbedrohlich, können aber sehr lästig werden.
- Sollte man im Terrarium Kot der Tiere sehen muss dieser eine weitgehend feste Konsistenz haben.

Wenn man mehr als einen Leopardgecko pflegen möchte und in jeder Gruppe ja nur ein Männchen gepflegt werden kann, ist die Kenntnis über die Geschlechtszusammensetzung wichtig. Je nach Alter der Tiere, Erfahrung und geübtem Blick können einige Züchter auch bei subadulten Tieren sehr zuverlässig das Geschlecht angeben. Ein weiteres, recht sicheres Indiz können soweit bekannt die Inkubationstemperaturen sein. Wenn Sie später züchten und auf Inzucht empfehlenswerterweise verzichten möchten, sollten Sie natürlich nicht miteinander verwandte Tiere kaufen. Wenn das Geschlecht nicht bestimmbar ist, kann man sich eine größere Gruppe von Jungtieren zulegen und diese dann bei späterer Geschlechtsbestimmung wieder trennen.

Zahlen bei Tierangeboten

Bei verschiedenen Berichten oder Tierangeboten kann man beispielsweise folgendes lesen: 1,3,14 *Eublepharis macularius*. Mit den Zahlen wird das Geschlecht und die Anzahl der Geckos kodiert. Die erste Zahl steht für die Anzahl der Männchen, die zweite für die der Weibchen und die dritte schließlich für die Anzahl der Tiere mit unbekanntem Geschlecht, oftmals Jungtiere. In unserem Beispiel würde das heißen: 1 Männchen, drei Weibchen und 14 Tiere mit unbekanntem Geschlecht.

Quarantäne

Egal ob man sich für Nachzuchten oder Wildfänge entscheidet – eine Quarantäne ist unumgänglich, besonders dann, wenn sie zu einer Gruppe Tiere hinzugefügt werden sollen (KÖHLER 1996). Denn nicht jeder gesund wirkende Gecko ist es tatsächlich auch!

So muss ausdrücklich darauf hingewiesen werden, dass Leopardgeckos oft über Jahre mit Einzellern infiziert sind, die erst in Stresssituationen – wie einem Umzug – ein klinisches Problem werden können (VILLAREAL & FERNANDEZ 1996).

Abb. 78. Einrichtung eines Quarantäneterrariums. Foto: K. Grießhammer

Oftmals ist bis dahin durch Verschleppung jedoch ein gesamter Tierbestand infiziert. Gerade das Problem der Cryptosporidose (eine oftmals tödlich verlaufende Einzellerinfektion) zeigt, welch dramatische Auswirkungen dieses haben kann. So muss selbst bei Tieren, die über Jahre gesund erschienen, und zu einem neuen Bestand wechseln, eine konsequente Quarantäne durchgeführt werden.

Aufgabe der Quarantäne soll es sein, neu erworbene Tiere von anderen Tieren zu separieren, um eine Verschleppung von Krankheiten oder Parasiten zu verhindern. Auch wenn man keine anderen Reptilien hält, sollte man die Geckos zuerst in einem Quarantäneterrarium pflegen. Hier kann man die Tiere besser beobachten und, sollten sie tatsächlich eine ansteckende Erkrankung haben, sind die erforderlichen Hygiene- und Behandlungsmaßnahmen leichter durchzuführen. So bleibt es einem auch erspart, das endgültige Terrarium gegebenenfalls komplett ausräumen und desinfizieren zu müssen.

Als Quarantäneterrarien eignen sich kleine Vollglasterrarien, große Plastikterrarien und – mit Einschränkungen (s. S. 48) – auch Aquarien. Die Mindestgröße sollte sowohl für Jungtiere als auch für erwachsene Tiere ca. 60x30 cm Grundfläche betragen, da es in kleineren Behältnissen sehr schwierig wird, unterschiedliche Temperaturbereiche zu schaffen. Mittels einer Leuchtstoffröhre o.ä. sorgt man für eine Tag-Nacht-simulation und beheizt mittels Spotstrahler oder kleiner Heizmatte.

Die Temperaturwerte müssen denen im endgültigen Terrarium entsprechen. Die Einrichtung wählt man einfach und funktionell. Eine Höhle pro Tier im wärmeren und eine im kühleren Bereich, eine flache Schale mit Wasser und eventuell eine Schale mit Futtertieren sind fürs erste ausreichend. Sollten die Leopardgeckos nicht gerade Häutungsprobleme haben oder stark dehydriert sein, verzichtet man aus hygienischen Gründen auf die sonst notwendige feuchte Höhle.

Als Bodengrund hat sich normales Küchenpapier bewährt, das täglich oder bei Bedarf gewechselt wird. In der Quarantäne spricht man sich mit einem auf Reptilien spezialisierten Tierarzt oder einer Untersuchungsstelle ab und lässt Kotproben auf Parasiten hin untersuchen.

Die Quarantäne sollte mindestens 4-6 Wochen durchgeführt werden und wird erst beendet, wenn die Leopardgeckos in dieser Zeit keine Anzeichen einer Erkrankung zeigen und die Kotproben negativ ausfielen (Ausnahme: Verdacht auf Cryptosporidose, vgl. S. 131).

Sollten bei diesen Untersuchungen Parasitenstadien gefunden werden, folgt eine entsprechende Behandlung. Das Quarantäneterrarium wird dann nach den Empfehlungen des Tierarztes desinfiziert.

Abb. 79. Erst nach der Quarantäne können die Leopardgeckos in ihr voll eingerichtetes Terrarium umziehen. Foto: G. Köhler

Umgang mit Leopardgeckos

Leopardgeckos haben den Ruf, rasch zahm zu werden. Der Begriff „Zahmheit“ wird in diesem Fall jedoch falsch benutzt. Geckos sind in ihrem Verhalten nicht mit Säugetieren zu vergleichen. Säugetiere werden als Jungtiere von einem oder mehreren Familienmitgliedern umsorgt und fügen sich später in ein soziales Umfeld ein. Dieses kann bei einigen Arten zu einer mehr oder weniger festen Bindung an den Menschen führen und Interaktionen wie „Streicheln“ ermöglichen oder sogar notwendig machen. Leopardgeckos kennen ein solches Verhalten nicht, und auch gut gemeinte Berührungen durch den Pfleger verursachen bei den Geckos kein Wohlgefallen, sondern Stress. Tatsächlich werden Leopardgecko-Jungtiere aber innerhalb weniger Monate sehr zutraulich in ihrem Verhalten und selbst die meisten Wildfangexemplare verlieren nach einiger Zeit ihre Scheu. Einige Terrarianer erhoffen sich für ihre Beobachtungen von ihren Pfleglingen ein möglichst natürliches Verhalten – nur leider spielen Leopardgeckos dabei oft nicht mit.

Viel eher beginnen sie, den Pfleger mit Futter zu assoziieren. So stehen sie oftmals zu den regulären Fütterungszeiten oder bei Annäherung des Pflegers bereits in freudiger Erwartung an der Terrarienscheibe und man muss aufpassen, dass einem bei der Öffnung des Terrariums nicht alle Geckos „entgegenpurzeln“.

Abb. 80. Leopardgeckos haben ein neugieriges Wesen. Foto: S. Heuser

Abb. 81. Manchmal stehen die Geckos kurz vor der Fütterung in Erwartunghaltung an der Terrarienscheibe. Foto: S. Nieft

Ihr ständiger Hunger und ihre angeborene Neugier macht sie zu guten Kandidaten für ein klassisches Konditionierungsexperiment nach PAWLOW. Wenn man vor der Fütterung mehrmals leicht an die Terrarienscheibe klopft, verbinden die Leopardgeckos mit der Zeit diesen Reiz mit einer Fütterung. So kann man sie dann auch tagsüber mit besagtem Klopfen aus ihren Verstecken locken, beispielsweise, um den Ernährungszustand der Tiere zu überprüfen.

Abb. 82. Mit der Zunge wird die Umgebung geprüft. Foto: S. Heuser

Zutrauliche Geckos, die sich auch einmal anfassen lassen, erleichtern dem Pfleger die regelmäßige Gesundheits- oder Trächtigkeitskontrolle, und reduzieren den Stress und die Verletzungs-

Abb. 83. Mit einem Futtertier lassen sich die Geckos gerne locken und werden so am schnellsten zahm. Foto: G. Köhler

gefahr. Um diese „Handzahmheit" zu erreichen, sollte man anfangen, den Geckos immer mal wieder ein Futtertier mit einer stumpfen Pinzette anzubieten und mit der Zeit die Tiere auf die Hand zu locken. Wenn dieses erreicht ist, übt man die Fütterung von der Hand und auch das vorsichtige Anheben des Geckos. Es soll nicht unerwähnt bleiben, dass mit dieser Methode die Leopardgeckos unter Umständen die Finger mit Futter assoziieren lernen und im Fresseifer aus Versehen auch einmal in einen Finger zwicken können.

Man sollte sich immer langsam und niemals hektisch bewegen. Ein Ergreifen von oben kann die Leopardgeckos ebenso in Panik versetzen wie ein Festhalten gegen ihren Willen.

Die Leopardgeckos fühlen sich sehr unwohl, wenn sie mit ihren Füßen keinen Kontakt zum Boden haben, man sollte sie also nicht frei schwebend transportieren sondern ihnen immer einen Untergrund anbieten. Ein erheblich gestresster Leopardgecko kann seinen Schwanz verlieren und/oder sehr kräftig zubeißen!

Verschiedene Halter diskutieren kontrovers, ob man Geckos abseits von großen Reinigungsarbeiten oder Tierarztbesuchen aus dem Terrarium nehmen sollte. Die Welt außerhalb des Terrariums ist in den seltensten Fällen „leopardgeckogerecht" und rasch verletzt sich ein Gecko beim Sturz oder entkommt in einem unbeobachteten Moment. Man muss also abwägen, ob man einem neugierigen Pflegling, der einem bei Arbeiten im Terrarium auf den Arm klettert, einen Ausflug gönnt. Sehr junge Tiere sind naturgemäß noch scheu und ihr Verhalten ist nicht mit dem erwachsener Tiere zu vergleichen. Während der ersten drei bis sechs Lebensmonate sollte man Arbeiten im Terrarium und das Hantieren der Jungtiere auf das Nötigste beschränken. Erst dann kann man durch langsame Annäherung und am Besten mit dem Lockmittel Futter langsam anfangen, gegenseitiges Vertrauen aufzubauen. Man darf die Geckos nie zu etwas zwingen oder versuchen, mit ihnen zu spielen. Auch „Erziehungen" oder „Bestrafungen" verstehen die Geckos nicht und sind pure Tierquälerei.

Wenn man Kontakt mit den Tieren hatte, sollte man sich umgehend die Hände waschen, vielleicht sogar desinfizieren, um nicht andere Haustiere oder sich selbst mit Parasiten o.ä. zu infizieren.

Abb. 84. Zutrauliche Geckos reduzieren Stress und Verletzungsgefahr. Foto: K. Grießhammer

Abb. 85. Leopardgeckos sollten nie freischwebend transportiert werden - immer einen Untergrund (hier die Hände) anbieten. Foto: E. Köhler

Nicht alle Leopardgeckos sind dem Menschen gegenüber gleich tolerant und manche Individuen bleiben recht scheu und können aggressiv erscheinen. Man darf nie vergessen, dass auch Terrariennachzuchten nachgezüchtete Wildtiere sind und jede Annäherung des Tieres an den Menschen ein Geschenk und keine Selbstverständlichkeit ist. Gelegentlich taucht die Frage auf, ob Leopardgeckos in der Lage sind, einzelne Personen zu unterscheiden oder auf ihre Namen zu reagieren. Solange es hierzu keine wissenschaftlichen Untersuchungen gibt, ist es nicht möglich diese Frage zu beantworten. Aber: Wer, beispielsweise bei einer Sektion, einmal das Gehirn eines Leopardgeckos begutachten konnte wird verwundert bemerken, dass es ungefähr die Größe eines Stecknadelkopfes hat! Daran gemessen ist es erstaunlich, dass die Geckos in der Lage sind, etliche Dinge zu erlernen – aber gleichzeitig wird auch klar, dass man nicht zu viel von ihnen erwarten darf.

Das Terrarium

Die in Menschenobhut gepflegten Leopardgeckos müssen in ihrem begrenzten Lebensraum ihrer Art gerecht gepflegt werden und die Möglichkeit haben, viele ihrer natürlichen Verhaltensweisen ausleben zu können. Die Terrariengröße, der Standort, die Einrichtung sowie Beleuchtung und Beheizung sind hierbei grundlegende Faktoren.

Standort des Terrariums

Das Terrarium, das nicht nur zur professionellen Zucht verwendet wird, sollte den Wohnraum schmücken und eine regelmäßige Beobachtung zulassen. Zunächst einmal sollte man wissen, dass man Terrarien grundsätzlich nicht direkt auf den Boden stellen darf, um Zugluft zu vermeiden. Es eignen sich sehr gut Unterschränke für Aquarien oder auch Sideboards und Regale. Wofür man sich auch entscheidet: Es ist auf gute Stabilität zu achten. Ein mit Sand und Steinen eingerichtetes Terrarium überschreitet rasch die 100 Kilogramm-Marke!

Leopardgeckos reagieren sensibel auf Erschütterungen, weshalb man auf einen ausreichenden Abstand beispielsweise zu Waschmaschinen oder auch Lautsprecherboxen achten muss. Sonnenstrahlen, die auf ein Terrarium treffen, können dieses innerhalb weniger Minuten derart aufheizen, dass die Leopardgeckos an Überhitzung sterben.

Abb. 86. Vorbildliche Großterrarienanlage für Leopardgeckos. Foto: T. Clanzett/B. Stassen

Terrariengröße

Es gibt von Seiten des Gesetzgebers Richtlinien, wie Reptilien gehalten werden sollen. Nach den „Mindestanforderungen an die Haltung von Reptilien" (Bundesministerium für Ernährung, Landwirtschaft und Forsten 1997) soll ein Terrarium für ein Pärchen Leopardgeckos 4x3x2 (Länge x Tiefe x Höhe = LxBxH) multipliziert mit der Kopf-Rumpflänge (Gesamtlänge abzüglich der Schwanzlänge) der Tiere betragen, für jedes weitere Tier müssen mindestens 15% der Grundfläche hinzukommen. Dieses würde bei einer Kopf-Rumpflänge von 13 cm 52x39x26 cm betragen. Aus unserer Sicht wäre ein solches Terrarium für die aktiven Geckos viel zu klein!

Einzeln gehaltene ausgewachsene Leopardgeckos wurden bei uns in „sterilen" Terrarien mit einer Grundfläche von 60x30 cm trotz gleich bleibender Bedingungen innerhalb von zwei Monaten derart inaktiv, dass sie kaum noch ihr Versteck verließen. Dieses Verhalten änderte sich erst als sie wieder in deutlich größeren Behältnissen gepflegt wurden. Als Grundregel gilt: Je größer desto besser.

Ein Terrarienmaß, das in den meisten Zoogeschäften anzutreffen ist und von uns als Mindestmaß für 1,2 (= ein Männchen und zwei Weibchen) Leopardgeckos angegeben wird, ist 100x50x50 cm (LxBxH).

Besser geeignet sind jedoch größere Terrarien, beispielsweise 120x60x60 cm. In einem solchen Terrarium finden bei gut gewählter Einrichtung vier bis fünf Leopardgeckos genügend Platz, sich auf nächtliche Wanderung zu begeben, miteinander zu interagieren – aber sich auch aus dem Weg gehen zu können.

Abb. 87. Naturnah eingerichtetes Terrarium. Foto: M. Wolff

In großen Terrarien lassen sich sowohl viele Versteckplätze und ein großer Aktivitätsraum realisieren als auch deutlich leichter unterschiedliche Temperaturbereiche einrichten. Das angebotene Platzangebot nutzen die Tiere und begeben sich auf lange „Wanderschaft", die dem Pfleger viele interessante Beobachtungen ermöglicht. Zudem lassen große Terrarien viel eher optisch attraktive und natürlich wirkende Einrichtungen und Bepflanzungen zu. Der Aktivitätsraum wird nicht nur durch die Grundfläche definiert sondern durch eine geschickt gewählte Rückwand und andere Klettermöglichkeiten vergrößert. Kleine Terrarien zu wählen und dieses damit zu begründen, die Geckos oft heraus zu holen, um ihnen Auslauf zu bieten, hat nichts mit artgerechter Haltung zu tun. Es gibt viele Gründe, die für große Terrarien sprechen. Gönnen Sie also ihren Pfleglingen und sich selbst ein wohl dimensioniertes und attraktives Terrarium!

Für die Pflege von Leopardgeckos werden überwiegend vier unterschiedliche Terrarienmodelle verwendet: Zum einen die klassischen Vollglasterrarien, Aquarien, Eigenbauterrarien und große Plastikboxen.

Vollglasterrarien sind für Leopardgeckos besonders geeignet. Sie sehen gut aus, sind leicht zu reinigen und zu desinfizieren, auch der Luftaustausch ist durch die Bauweise garantiert. In der für die Pflege von Leopardgeckos benötigten Größe sind sie leicht im Fachhandel oder beim spezialisierten Terrarienbauer zu erwerben. Oftmals

Abb. 88. Terrarium mit vielen Klettermöglichkeiten und Strukturelementen. Foto: S. Nieft

kann man hier sogar nach eigenen Wünschen Änderungen vornehmen lassen. Man sollte Glasterrarien immer auf eine Styroporplatte oder ähnliches Material stellen, um Sprünge im Glas zu verhindern. Ein Glasterrarrium ist oftmals sehr schwer und man sollte sich vor der Anschaffung genau überlegen wie man es transportiert.

Auch **Aquarien** werden hin und wieder verwendet. Diese sind gerade gebraucht oft günstig zu erwerben. Sie haben gegenüber Terrarien jedoch einige entscheidende Nachteile. Zum einen kann es Probleme mit dem Luftaustausch geben. In Vollglasterrarien sorgen sich gegenüber liegende Lüftungsflächen für einen Kamineffekt, der für einen effektiven Luftaustausch sorgt. In Aquarien funktioniert dieses nahezu ausschließlich aufgrund von Diffusion. Bei hohen Aquarien mit hohem Tierbesatz kann dieses schnell zu Problemen führen. Um dies auszugleichen, wären einige technische Hilfsmittel wie Lüfter oder Umbauten am Aquarium notwendig. Gerade bei dem Einbau von Rück- und Seitenwänden ist ein stabiler und gut schließender Deckel notwendig. Dieser muss nicht nur die Geckos, sondern insbesondere auch die Futtertiere, die z.T. sogar an der Silikonnaht klettern können, am Entweichen hindern, aber andererseits auch Befestigungsmöglichkeiten für die Beleuchtung aufweisen und genügend Platz für die tägliche Pflege bieten. Hier kommt der unbegabte Heimwerker schnell an seine Grenzen. Die Pflege in niedrigen Aquarien ist durchaus möglich, kann aber nicht pauschal empfohlen werden.

Plastikboxen werden insbesondere in den USA von kommerziellen Züchtern genutzt. Sie sind besonders leicht und lassen sich einfach reinigen und stapeln. Zur Belüftung werden kleine Löcher in die Boxen gebohrt. Sie sind aber weitgehend „blickdicht“ und ermöglichen so weder dem Betrachter das Hinein-, noch den Leopardgeckos das Hinausblicken und sehen wenig attraktiv aus. Bei entsprechender Größe und Ausstattung mögen sie für wissenschaftliche Untersuchungen oder kommerzielle Zuchten geeignet sein, für die Privathaltung kann man sie jedoch nicht empfehlen.

Selbstbauterrarien sind für handwerklich Begabte eine gute Alternative. Da die Leopardgeckos aus trockeneren Gebieten stammen, läßt sich der Korpus gut aus Holz, z.B. OSB- oder Pressspanplatten, konstruieren.

Beleuchtung und Beheizung

Um die Beleuchtungsmittel gut und sicher zu installieren empfiehlt es sich einen Beleuchtungskasten zu bauen. Bei der Pflege von Echsen stellt man sich immer auch der Herausforderung, das Strahlungsverhalten der Sonne zu imitieren. Diese kann gerade bei tagaktiven Tieren technisch sehr anspruchsvoll und teuer werden. Leopardgeckos sind aber überwiegend dämmerungs- und nachtaktiv. Daher stellen sie auch keine besonders hohen Anforderungen an die Beleuchtungsintensität.

Dennoch ist auch die Beleuchtung ein wichtiger Faktor in der erfolgreichen Pflege der Leopardgeckos. Generell können drei unterschiedliche Beleuchtungsmittel unterschieden werden:

- Beleuchtungskörper, die für die nötige Helligkeit sorgen,
- solche die als Wärmestrahler fungieren und
- UV emittierende Beleuchtungskörper.

Es gibt Produkte, die mehrere dieser Eigenschaften vereinen. Hinzu kommen noch diverse Beheizungskörper. Die Helligkeit im Terrarium ist einer der wesentlichen Faktoren, da er für die Geckos den Beginn und das Ende ihrer Aktivitätszeit signalisiert und auch saisonale Schwankungen simuliert. Hierzu eignen sich bei Leopardgeckos besonders Leuchtstoffröhren. Ob man hierzu spezielle Leuchtstoffröhren aus dem Tierfachhandel oder normale Leuchtstoffröhren mit Tageslichtspektrum aus dem Elektromarkt verwendet, macht

Installation der Beleuchtung

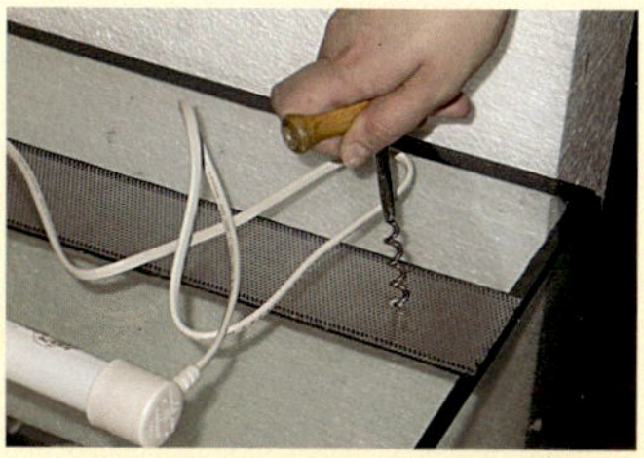

Abb. 89-92. Mit einem Korkenzieher oder Metallbohrer, wird vorsichtig eine Öffnung in das Lochblech gebohrt. Scharfkantige Ecken werden abgeschmirgelt und schließlich das Elektrokabel hindurchgeführt. Ein kleines Stück Silikonschlauch wird zur zusätzlichen Absicherung zwischen Kabel und Lochblech befestigt. Achtung: Elektroarbeiten nur von Fachleuten ausführen lassen!

Abb. 93. Leopardgeckos stellen keine hohe Anforderung an die Beleuchtungsintensität.
Foto: M. Wolff

nach unserer Erfahrung keinen Unterschied. Seit einiger Zeit werden neben T8-Leuchtstoffröhren auch schmalere Beleuchtungskörper mit dem Handelsnamen T5 angeboten. Gerade solche aus der Reihe HO (High Output), sind für die Terraristik zu empfehlen. Wenn man Leuchtstoffröhren einsetzt, sollte man unbedingt Reflektoren verwenden, da sie die Beleuchtung auf das Innere des Terrariums konzentrieren und die Lichtausbeute stark erhöhen. Ebenfalls sehr nützlich sind HQL-Strahler (z.B. mit dem Farbton "Daylight") oder HQI-Strahler (Farbton des Brenners "NDL/D). Sie sind in der Anschaffung recht teuer, aber bei entsprechenden Leuchtmitteln lassen sich hiermit sehr natürlich wirkende Beleuchtungsverhältnisse erreichen. Wenn man Pflanzen in das Terrarium integrieren möchte, muss ebenso auf deren Bedürfnisse geachtet werden. Abgesehen von der Zeit der Winterruhe, sollte die **Beleuchtungsdauer** zwölf Stunden betragen. Zu den wichtigsten technischen Hilfsmitteln, gehören Zeitschaltuhren, die die Beleuchtung im Terrarium regeln.

Leopardgeckos sind poikilotherm, also wechselwarm. Sie sind nicht wie Säugetiere in der Lage die für ihren Stoffwechsel notwendige Körpertemperatur selbst zu produzieren, sondern sind auf die Umgebungstemperaturen angewiesen.

Die **Lufttemperatur** sollte tagsüber ca. 28°C und an den „Wärmeinseln" ca. 40°C betragen. Nachts lässt man die Temperaturen auf Zimmertemperatur absinken. Die Leopardgeckos müssen die Möglichkeit haben, warme und küh-

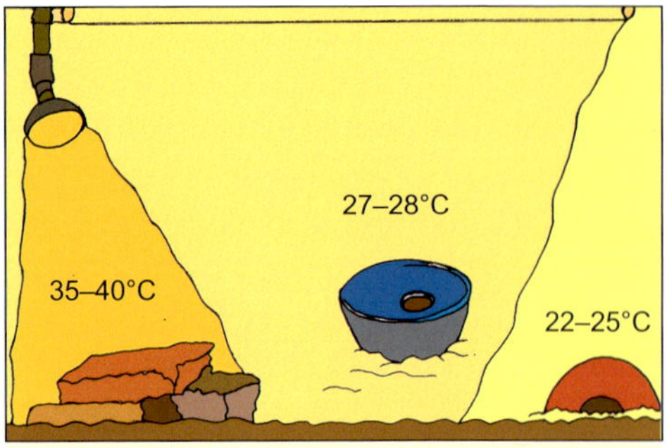

Abb. 94. Tagsüber sollten verschiedene Temperaturzonen angeboten werden. Die Höhlen (feuchte und trockene) werden in den verschiedenen Temperaturzonen plaziert.

lere Verstecke aufzusuchen. Eine Methode, um die nötige Lufttemperatur zu erreichen, ist die Verwendung von Wärmestrahlern. Hierzu eignen sich Spotstrahler. Es werden im Zoo-Fachhandel etliche Varianten angeboten. Ebenso effektiv und oftmals deutlich günstiger sind auch Produkte aus dem Baumarkt. Halogenspotstrahler und so genannte PAR-Strahler gibt es sogar in spritzwassergeschützten Ausführungen mit 50-100 und mehr Watt. Für die Wärmestrahler, die naturgemäß sehr heiß werden, sollte man ausschließlich Keramikfassungen verwenden. Im besten Fall installiert man die Strahler außerhalb des Terrariums und lässt sie nach unten in das Becken hinein strahlen. Dieses empfiehlt sich allerdings nur bei Terrarien, die im oberen Bereich großflächig mit einem engmaschigen Drahtgeflecht bespannt sind, da ansonsten die Gefahr zu groß ist, dass das Deckenglas aufgrund der Wärmeentwicklung platzt.

Werden die Strahler im Terrarium installiert ist es wichtig, dass die Geckos diese nicht erreichen können, da sie ansonsten schwerste Verbrennungen erleiden können.

Damit die Geckos eine gute Wärmeverteilung mit wärmeren und kühleren Stellen vorfinden, sollte sich der Wärmestrahler in einer Ecke des Terrariums befinden. Man richtet ihn am besten auf einen flachen Stein, den man so installiert, dass unter ihm ein Hohlraum entsteht, den die Leopardgeckos als Höhle nutzen können. Hierin sollte die Temperatur ca. 35°–40°C betragen. Wenn abends die Beleuchtung erlischt, wird dieser Stein noch eine Weile die Wärme speichern und dann während der Aktivitätszeit der Geckos immer wieder aufgesucht, um die Wärmeabgabe zu nutzen. Spotstrahler stellen sicherlich die natürlichste Form der Beheizung dar, da ähnlich wie bei der Sonne Strahlungswärme mit Licht von oben kommt. Eine weitere mögliche Heizquelle sind Keramikheizstrahler. Diese emittieren kein Licht, sondern nur Wärme. Sie können gerade bei Terrarien mit großem Volumen die Luft aufheizen.

Abb. 95. Ein Sonnenplatz vor einer Höhle ist ideal.
Foto: S. Heuser

Nicht in jedem Terrarium können Spotstrahler installiert werden. Eine weitere Möglichkeit zur Beheizung stellt die Verwendung von Heizkabeln, Heizsteinen oder Heizmatten dar, die in unterschiedlichen Wattstärken angeboten werden. Sie werden in aller Regel unter dem Terrarium, zumindest aber unter dem Bodengrund installiert.

Da das Terrarium meist auf einer Styroporplatte o.ä. steht, muss man Kabel oder Matte zwischen diese und den Glasboden legen. Auf diese Weise kann man aber niemals eine Brandgefahr oder ein Reißen der Glasplatte ganz ausschließen. Viele Terrarianer legen dennoch auf die Styroporplatte zwei Schichten Alufolie, legen das Heizkabel bzw. die Matte darauf und stellen dann das Terrarium auf diese Konstruktion. Idealerweise baut man aber einen Rahmen, um einen kleinen Abstand zwischen Heizkabel und Glasboden zu bekommen. Ein Heizkabel wird immer in Schlaufen gelegt, darf sich jedoch niemals überkreuzen. Wenn es im Terrarium verlegt wird, muss es mit einem engmaschigen Gitter aus Edelstahlgaze so gesichert werden, dass die Geckos es nicht erreichen können, da sie sich ansonsten verbrennen oder strangulieren könnten.

Auch im Freiland heizt sich der Boden stark auf – wenn sich die Geckos jedoch vergraben, wird es mit zunehmender Tiefe kühler. Bei der Verwendung von Heizmatten oder -kabeln verhält es sich jedoch gerade umgekehrt. Um dieses zu vermeiden, bringt man über den Heizelementen nur wenig Bodengrund ein, damit sich die Geckos erst gar nicht vergraben können. Wenn man nun beispielsweise ein gebogenes Korkstück darauf stellt, finden die Geckos eine warme Höhle, die sie gerne aufsuchen werden.

Achtung! Heizkabel und -matten dürfen höchstens ein Drittel der Grundfläche des Terrariums einnehmen, damit sich die Leopardgeckos auch in kühlere Regionen zurückziehen können.

Heizkabel können auch in eine selbstgebaute Terrarienrückwand integriert werden, um hier warme Plätze entstehen zu lassen oder um die Lufttemperatur zu erhöhen. Dieses birgt jedoch einige Gefahren und sollte daher Profis überlassen bleiben. Heizsteine oder beheizte Höhlen haben ein integriertes Heizelement. Sie sind eine weitere Methode, um Wärmeinseln zu schaffen. Etliche Produkte haben jedoch baubedingt Stellen, die so heiß werden können, dass sich die Geckos daran verbrennen, andere erreichen nicht die benötigten Temperaturen. Daher können sie nicht generell empfohlen werden.

Auch tagsüber kommen Leopardgeckos im Terrarium von Zeit zu Zeit aus ihren Verstecken, legen sich auf das Substrat und erwecken dabei den Eindruck, als ob sie sich sonnen würden. Es ist unklar, ob sie mit diesem exponierten Verhalten Strahlungswärme oder ultraviolette Strahlung aufnehmen möchten. Uns sind keine Beobachtungen aus der Natur bekannt, die ein ähnliches Verhalten beschreiben würden.

Abb. 96. Ein Leopardgecko kommt aus seinem Versteck.
Foto: S. Heuser

UV-Bestrahlung ist für die meisten tagaktiven Echsen notwendig, um die Vitamin-D3 Synthese ablaufen zu lassen, die beispielsweise für die Einlagerung von Kalzium und somit ein gesundes Wachstum nötig ist.

Bei ausreichender Ergänzung der Ernährung mit Mineralstoff-Vitamin-Präparaten ist eine Bestrahlung mit UV bei der Pflege und Zucht von Leopardgeckos nicht notwendig.

Es ist sogar fraglich, ob die dämmerungs- und nachtaktiven Geckos überhaupt einen Nutzen von UV-Strahlung haben. Einige Halter wollen dennoch nicht auf die Verwendung von Beleuchtungskörpern mit UV-Anteil verzichten. Für niedrige Terrarien empfehlen sich dann spezielle Leuchtstoffröhren oder Energiesparlampen aus dem Zoofachhandel. Diese haben, je nach Hersteller, eine maximale Reichweite von 20-30 cm. Sie verlieren allerdings nach einigen Monaten ihre Wirksamkeit und sollten regelmäßig ausgetauscht werden. Bei höheren Terrarien kommen so genannte UV-Spotstrahler in Frage. Generell wird UV-Licht von Glas gefiltert. Entsprechende Beleuchtungskörper müssen also so installiert sein, dass sich keine Terrarienscheibe zwischen UV-Lampe und den Geckos befindet.

Es gibt mittlerweile eine kaum mehr zu überschauende Vielfalt an Beleuchtungs- und Beheizungskörpern und wir können hier daher nur eine kleine

Abb. 97. Ein warmer Stein wird während der Aktivitätsphase gerne aufgesucht. Foto: T. Holfert

Check-up Klimabedingungen

- Leopardgeckos sind dämmerungs- und nachtaktiv, kommen aber auch tagsüber kurz aus ihren Höhlen.
- Bei einer Größe von 120x60x60 cm kann das Terrarium mit zwei Leuchtstoffröhren und einem oder mehreren Spotstrahlern ausreichend beleuchtet und beheizt werden. Alternativ ist auch eine Kombination von Leuchtstoffröhren und Heizmatten bzw. -kabeln möglich.
- Temperatur: ca. 28°C tagsüber, verschiedene Temperaturzonen schaffen; nachts 18-22 °C
- Beleuchtungsdauer: 12 Stunden am Tag
- Luftfeuchtigkeit: eher trocken (ca. 30-50%), jedoch einmal täglich einen Teil des Terrariums mit lauwarmem Wasser besprühen.

Auswahl vorstellen. Eine der bewährtesten und am häufigsten verwendeten Methoden ist sicherlich die Kombination von Leuchtstoffröhren und Spotstrahlern.

Bevor man Leopardgeckos in ein Terrarium einziehen lässt, muss man es vorher einige Tage im voll eingerichteten Zustand Probe laufen lassen. In dieser Zeit misst man an verschiedenen Stellen des Terrariums die Temperatur. Wenn die Temperaturen für eine Weile unter den idealen Bedingungen liegen, ist das nicht so schlimm – sollten die Temperaturen aber einmal zu stark ansteigen, können die Leopardgeckos rasch an Überhitzung sterben. Deshalb sollten die Werte auch regelmäßig ermittelt werden und ein gutes Thermometer darf in keinem Terrarium fehlen. Was man nicht vergessen sollte: Leopardgeckos sind nachtaktiv und können auch bei wenig Licht noch ausreichend sehen. Völlige Dunkelheit, beispielsweise in einem fensterlosen Kellerraum oder bei heruntergelassenem Rollladen, macht aber auch die Geckos blind. Steht das Terrarium in einem solchen dunklen Raum, empfiehlt es sich, eine schwache Lichtquelle (z.B. ein Nachtlicht für Kinder) zu installieren. Wer seine Geckos noch zu später Stunde beobachten möchte, ärgert sich vielleicht über die geringe Helligkeit im Terrarium. Da sich manche Geckos von normaler Raumbeleuchtung gestört fühlen, kann man sich überlegen, im Terrarium eine schwache Lampe mit rotem Lichtspektrum zu installieren, die man mit einem Schalter zur Beobachtung ein- und ausschalten kann. Solche Lampen werden von den meisten Geckos nicht als störend empfunden. Normalerweise gewöhnen sich Leopardgeckos aber schnell an Raumbeleuchtung oder schwache Beleuchtungskörper, die das Beobachten ermöglichen.

In einem Terrarium werden viele technische Elemente verwendet, die unter Umständen zu Stromschlägen oder Bränden führen können. Wir empfehlen daher dringend, alle Herstellerempfehlungen zu beachten und technische Arbeiten nur von Fachleuten durchführen zu lassen. FI-Schutzschalter können im Elektrohandel erworben werden und können effektiv helfen, Unfälle zu verhindern. Rauchmelder sollten zusätzlich vorhanden sein.

Abb. 98. Beispiel für die Einrichtung eines Leopardgeckoterrariums. Zeichnung: H. Andree

Einrichtung

Der Rückwandgestaltung (und gegebenenfalls auch Seitenwand) kommt auch im Geckoterrarium Bedeutung zu. In einem Vollglasterrarium sind die Leopardgeckos von allen Seiten zu beobachten und befinden sich somit auf dem „Präsentierteller“. Für ein kleines Tier, das in seiner Heimat viele Fressfeinde hat, ist dies sicherlich kein Sicherheit vermittelndes Gefühl. Hinzu kommt, dass sie so an vier Seiten ihres künstlichen Lebensraumes an unsichtbare, unüberwindliche Barrieren stoßen. Man kann seinen Leopardgeckos mit etwas Geschick Rück- und Seitenwände gestalten und je nach Methode damit sogar den Aktionsradius der Tiere deutlich erhöhen. Im Handel sind die unterschiedlichsten Rückwände erhältlich. Zum einen gibt es Fotorückwände, auf denen mehr oder weniger passende Habitatausschnitte abgebildet sind. Deutlich geeigneter sind Presskork- oder Naturkorkplatten, auf denen die Leopardgeckos normalerweise genügend Halt finden, um daran entlang zu klettern. Es soll nicht verschwiegen werden, dass sich darin oder dahinter Futtertiere verbergen können.

Optisch sehr attraktiv sind Rückwände aus Kunststoff, die zum Teil sehr detailgetreu eine Felswand o.ä. imitieren und hierbei viele Klettermöglichkeiten bieten. Leider sind sie in den für Leopardgeckoterrarien benötigten Größen sehr teuer.

Bau einer Rückwand

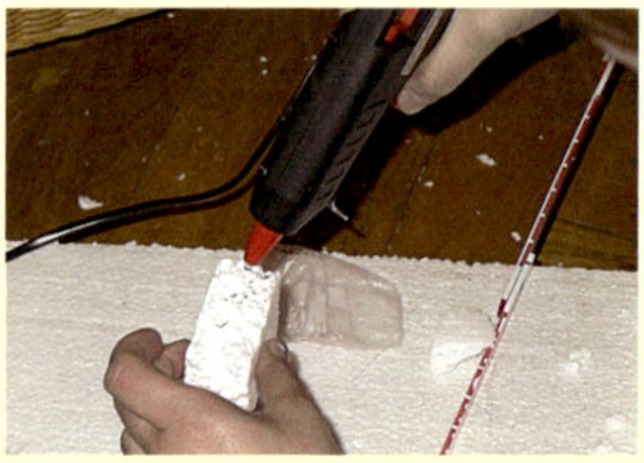

Abb. 99-103. Deutlich günstiger als fertig gekaufte Rückwände sind Eigenkonstruktionen. Besonders bewährt haben sich Rückwände auf Styroporbasis.

1. Mit einem scharfen Messer schneidet man Styroporplatten aus dem Baumarkt zurecht und klebt sie mit einer Heißklebepistole oder unbedenklichem Silikon (z.B. Silikon für Aquarien) nach Wunsch zusammen.

2. Man sollte darauf achten, dass viele horizontale Flächen entstehen, die so groß sind, dass die Geckos bequem darauf klettern oder ruhen können.

3. Mit einem Messer, Heißluftföhn, einer Flamme oder Acetonlösung (gut lüften und Hinweise beachten) kann man die Oberfläche aufrauen und somit griffiger machen. Es ist wichtig die Strukturen etwas tiefer als gewünscht zu formen, da sie ansonsten bei einem der nächsten Schritte wieder nivelliert werden.

4. Wenn der Styroporkorpus fertig gestellt ist, mischt man in einem Eimer nach Herstellerempfehlung Fliesenkleber mit Wasser. Dieser hellt während des Trocknens stark auf. Nach Wunsch kann man ihn mit Abtönfarbe einfärben. Mit einem Pinsel oder einfach per Hand (Handschuhe benutzen) trägt man den feuchten Kleber in einer oder mehreren Schichten auf das Styropor auf. Bevor die Mischung trocknet, kann man jetzt noch Sand darauf werfen um später eine rauere Oberfläche zu erhalten.

5. Nach wenigen Tagen ist der Fliesenkleber komplett getrocknet. Die Oberfläche ist übrigens nur wasserabweisend, aber für die trockenen Bedingungen unter denen man die Leopardgeckos pflegt, ist das ausreichend.

Dies stellt nur eine Methode dar Rückwände oder künstliche Felsen zu gestalten. Im Internet oder in weiterer Fachliteratur (z.B. Wilms 2004) werden noch zahlreiche andere Varianten vorgestellt.

Abb. 104. Mit etwas Geschick lassen sich solche natürlich aussehenden Rückwände selbst bauen. Foto: S. Heuser

Abb. 105. Gerne schauen die Leopardgeckos aus den Spalten hervor. Foto: S. Heuser

Abb. 106-107. Beispiele selbstgebauter Felswände, die die Leopardgeckos sehr gerne nutzen. Fotos: S. Heuser

Abb. 108. Auf rauen Flächen können die Geckos gut klettern. Foto: S. Heuser

Abb. 109. Besonders gerne drücken sich die Geckos in Spalten. Foto: S. Heuser

Als Bodenbewohner haben Leopardgeckos fast ständig direkten Bodenkontakt, und im Terrarium muss man den **Bodengrund** mit Bedacht auswählen und einige Vor- und Nachteile diverser möglicher Untergründe abwägen. Im Freiland leben sie bevorzugt auf lehmigen, zum Teil steindurchsetzten Böden (RÖSLER 1995, ANDERSON 1999), während sie Flächen mit Dünensand meiden (SHARMA 2002). Es muss zwischen „steriler" und „naturnaher" Haltung unterschieden werden. Gerade professionelle Züchter halten die Geckos oft auf Zeitungs- bzw. Küchenpapier. Diese Methode ermöglicht, Gewicht zu sparen und mit wenig Aufwand die Terrarien komplett zu reinigen und zu desinfizieren. Diese Art der Haltung sieht jedoch weder attraktiv aus, noch ermöglicht sie den Leopardgeckos ein sicheres Auftreten oder Grabetätigkeiten.

Im Terrarium imitiert man die Freilandbedingungen am besten durch fest werdende tonige oder lehmige Böden. Besonders geeignet sind hierfür natürlicher Lehm oder Sandmischungen mit Ton oder Lehmpulver, aber auch naturbelassener Maurerlehm oder lehmiger Spielsand kann geeignet sein. Im spezialisierten Zoohandel werden etliche

Abb. 110. Der Bodengrund sollte nicht zu fein gewählt werden, darf aber auch keine spitzen Steine enthalten. Foto: S. Heuser

Bodensubstrate mit verschiedenen Farben und Eigenschaften angeboten. Alle im trockenen Zustand stabil bleibenden Sande sind prinzipiell geeignet.

Alle lockeren Substrate, dazu gehört auch Vogelsand bzw. feiner Sand, „Aquarienkies“ sowie andere scharfkantige Sandarten sind nicht geeignet.

Um Mineralien aufzunehmen, fressen Leopardgeckos hin und wieder Bodengrund. Dies kann zu Verstopfung führen, die unter Umständen auch tödlich verlaufen. Bei ausreichender Versorgung mit Mineralien tritt dies jedoch kaum auf.

Wir haben beste Erfahrungen mit der Verwendung einer dünnen Schicht Taubengrit als Bodengrund gemacht. Dieser kann im Zoohandel erworben werden. Es gibt hiervon verschiedene Varianten. Man sollte Produkte mit abgerundetem Material ohne Geschmacksstoffe verwenden. Taubengritsorten, die stark stauben, sollten vor der Verwendung gewaschen und getrocknet werden. Taubengrit ist eine gute anorganische Mineralienquelle und aufgrund der hellen Färbung gut sauber zu halten.

Es gibt natürlich noch zahlreiche andere Möglichkeiten. So halten etliche Züchter ihre Leopardgeckos auf Einstreu aus grober Pinienrinde. Diese kann jedoch so scharfkantig sein, dass die Füße gereizt werden. Kleine Stücke dieser Rinde können beim Fressen versehentlich aufgenommen werden und zu lebensgefährlichen Verstopfungen führen. Das gleiche gilt auch für alle anderen Produkte aus Rindenstücken, Sägespänen, Nussschalen und ähnlichem – auch dann, wenn sie für Reptilien hergestellt werden.

Abb. 111. Für einen Teil des Terrariums kann Taubengrit als Bodengrund verwandt werden.
Foto: G. Köhler

Relativ neu auf dem Zubehörmarkt sind Bodensubstrate aus Körnern, wie Mais, und Hanf. Auf diesen finden die Leopardgeckos aber kaum Halt. Produkte aus einem stark kalziumhaltigen Substrat werben damit, bei der Aufnahme durch die Geckos keine Verstopfungen hervorzurufen – bei übermäßigem Fressen verklumpt er im Magen jedoch ebenso wie andere Sandarten. Eine weitere Möglichkeit ist es, die Geckos ohne Bodensubstrat auf flachen Steinen oder Platten zu halten, die man wie die Terrarienrückwände herstellt. Diese sind aber schwierig zu reinigen und ermöglichen es den Geckos nicht zu graben. Eine substratlose Haltung kann demnach nicht empfohlen werden.

Bei allen Möglichkeiten hat sich insgesamt die naturnahe Haltung auf lehm- oder tonhaltigen Sanden am besten bewährt. Es besteht allerdings immer die Gefahr von Verstopfungen durch übermäßige Aufnahme und macht diese Variante dadurch nicht unumstritten.

Es sei noch einmal darauf hingewiesen, dass die Leopardgeckos in ihren Herkunftsländern lehmigen und/oder steinigen Boden bewohnen und lockere Sandflächen meiden. Alle staubenden, scharfkantigen, besonders verstopfungsgefährdenden und chemisch behandelten Substrate dürfen nicht verwendet werden.

Bodengrund selber mischen

Um einen günstigen naturnahen Bodengrund zu erhalten, haben sich zwei Varianten bewährt. Man kann Ton mit Sand im Verhältnis 1:1-3 oder Sand mit Lehmpulver im Verhältnis 1:5-10 mischen, dieses mit Wasser befeuchten und dann in das Terrarium füllen. Wenn man nun noch eine Struktur, eventuell auch unterschiedliche Höhenniveaus in den noch schwach feuchten Bodengrund modelliert und einige getrocknete Grasbüschel und kleine Steine hineindrückt, sieht das Ergebnis sehr naturnah aus.

Bei ausreichender Lüftung trocknet das Gemisch nach wenigen Tagen. Da verschiedene Ton- und Lehmpulver angeboten werden und auch der verwendete Sand eine Rolle spielt, kann man keine exakten Mischungsempfehlungen aussprechen. Man muss einfach mit einer kleinen Menge der Substrate ein wenig experimentieren.

Im getrockneten Zustand muss der Bodengrund eine feste Oberfläche haben, man sollte aber mit dem Fingernagel noch leicht darin kratzen können. Dieses Material ermöglicht es, sehr einfach Nahrungsreste und Kot abzusammeln und es staubt nicht.

Man darf nur naturbelassene Materialien verwenden oder muss bei den Inhaltsstoffen darauf achten, dass diese nicht gesundheitsschädlich für die Geckos sind.

In einem Leopardgeckoterrarium sollen sich immer schwach feuchte und trockene **Versteckplätze** in unterschiedlichen Temperaturbereichen finden. In einer flachen Schale wird stets frisches Wasser und in einer anderen Kalzium (siehe Kapitel: Ernährung) angeboten.

Neben diesen besonders wichtigen Einrichtungsgegenständen sollte man auch weitere verwenden, die den Alltag der Leopardgeckos bereichern. Stabil befestigte und möglichst waagerecht verlaufende **Kletteräste** mit rauer

Abb. 112. Terrarium mit selbstgemischtem Bodengrund. Foto: K. Grießhammer

Abb. 113. In einem Terrarium sollte es viele Strukturelemente geben. Foto: M. Wolff

oder Steine finden. Diese werden von Klein- und Kleinstlebewesen besiedelt, von denen in aller Regel keine Gefahr für die Geckos ausgeht. Wer auf Nummer sicher gehen möchte, kann Steine und Äste im Backofen erhitzen und/oder mit einem für Reptilien geeigneten Desinfektionsmittel keimarm machen. **Pflanzen** sind bei der Haltung von Leopardgeckos nicht notwendig, stellen aber eine ästhetische Bereicherung des Terrariums dar.

Diverse **Versteckplätze** stellen essentielle Einrichtungsgegenstände im Leopardgeckoterrarium dar. Die Geckos verbringen viel Zeit in den Höhlen, weshalb diese gut gewählt werden sollten. Leopardgeckos bevorzugen eindeutig Höhlen, in die sie gerade so hineinpassen; sie sollten zumindest mit ihrem Rücken Kontakt zur Decke haben können, damit sie sich sicher fühlen.

Borke und einem Durchmesser von mindestens 5 cm oder auch Wurzeln bieten gute Klettergelegenheiten. Sie strukturieren das Terrarium und erhöhen den nutzbaren Aktionsradius. Steine und Äste stellen den Leopardgeckos eine gute Hilfe bei der Häutung dar, da sie sich gut an ihnen reiben können. Es ist wichtig, dass schwere Einrichtungsgegenstände direkt auf dem Boden des Terrariums stehen oder anderweitig fixiert sind. Sollten sie nämlich nur auf dem Substrat aufliegen, kann es passieren, dass sie von den Geckos untergraben werden und sie mit ihrem Gewicht zerdrücken. Man kann viele Einrichtungsgegenstände im Fachhandel erwerben, aber auch auf einem Waldspaziergang kann man geeignete Äste

Im Freiland nutzen Leopardgeckos Felsspalten, selbstgegrabene Höhlen und Nagerbauten (Minton 1966, Rösler

Abb. 114. Die Höhlen sollten noch kontrollierbar sein. Foto: S. Heuser

1996). Die Versteckmöglichkeiten werden häufig von mehreren Tieren gemeinsam genutzt; dennoch sollte jedes Tier eigene Höhlen aufsuchen können.

Im besten Fall haben die Höhlen zwei Öffnungen, damit die Leopardgeckos bei Auseinandersetzungen nicht in die Ecke getrieben werden können. Der Zugang zu den Verstecken sollte ebenfalls möglichst klein, aber auch für trächtige Weibchen noch zugänglich sein. Es ist wichtig, dass die Geckos jederzeit in ihren Verstecken kontrolliert werden können. Komplizierte Höhlensysteme, die nicht geöffnet werden können, sind ungeeignet. Wenn man beispielsweise den Ernährungszustand einzelner Leopardgeckos kontrollieren oder etwa Futterinsekten entfernen möchte, wird man den Wert kontrollierbarer Verstecke schätzen lernen.

Als Versteckplätze können Tonhöhlen und -scherben, Korkrindenstücke sowie die unterschiedlichsten käuflich erwerbbaren oder selbstgebauten Höhlen eingesetzt werden.

Abb. 115. Gute Idee! Eine kurze Plastikröhre im Bodengrund eingraben. Foto: S. Heuser

Man sollte unterschiedlich große Höhlen einbringen, die es den Geckos ermöglichen, entweder alleine zu liegen oder aber Höhlen gemeinsam zu nutzen.

Es werden mittlerweile Höhlen angeboten, deren Wohnbereich im Innern des Terrariums angebracht wird und deren zweite Hälfte an der Terrarienscheibe von außen mittels Magneten festgehalten wird (s. Abb. unten). Sie werden von den meisten Leopardgeckos gerne angenommen und erlauben eine Kontrolle, ohne die Geckos besonders stören zu

Abb. 116. Höhle aus dem Zoofachhandel (Innen- und Außenansicht). Fotos: G. Köhler

Abb. 117. Korkröhren bieten gute Versteck- und Schlafplätze. Foto: D. Bohle

müssen. Schwer zu kontrollieren, aber die natürlichste Variante, sind die selbstgegrabenen Höhlen der Geckos. Wenn man das Bodensubstrat ausreichend hoch einfüllt, kann es sein, dass die Leopardgeckos eigene Höhlen anlegen. Die verschiedenen Höhlen werden in den unterschiedlichen Temperaturzonen aufgestellt. Nur selten entscheiden sich die Leopardgeckos für feste Schlaf- und Aufenthaltsplätze. Sie wechseln z.T. auch noch tagsüber ihre Aufenthaltsplätze, meist zur Thermoregulation oder um die höhere Luftfeuchtigkeit in schwach feuchten Höhlen zu nutzen.

Auch wenn sowohl der natürliche Lebensraum als auch die Bedingungen im Terrarium sehr trocken sind, ziehen sich die Leopardgeckos gerne in schwach **feuchte Höhlen** zurück. In Trockengebieten findet sich in gewissen Tiefen eine Substratfeuchte, die deutlich oberhalb der Feuchtigkeitswerte der Oberflächen liegt. Auch im Terrarium werden immer wieder gerne schwach feuchte Höhlen aufgesucht. Viele Halter unterschätzen dies und bieten lediglich zur Eiablagezeit feuchte Bereiche an.

Es ist dringend zu empfehlen, feuchte Behälter ganzjährig aufzustellen; die Tiere verbringen erstaunlich viel Zeit darin und Häutungsprobleme treten dann fast nie auf.

Es gibt mehrere Methoden, solche feuchten Höhlen zu schaffen. Man kann beispielsweise Teile aus Tontöpfen schlagen oder Tonhalbschalen mit Loch im Zubehörhandel erwerben und diese von außen regelmäßig befeuchten. Durch die Kapillarwirkung im Material wird dann die Feuchtigkeit kontinuierlich abgegeben. Eine andere Möglichkeit ist, den grabfähigen Bodengrund mindestens 20 cm hoch einzufüllen. Mittels eines kleinen Schlauchs oder ähnlichem, den man bis in die tieferen Bereiche des Bodengrundes führt befeuchtet man dann regelmäßig einen kleinen Teil des Substrats.

Abb. 118. Leopardgecko verschwindet in einer feuchten "Höhle". Foto: E. Köhler

Abb. 119. Leopardgecko in der feuchten "Höhle". Foto: S. Heuser

Check-up Einrichtung

- Wasserschale mit frischem Wasser
- Schale mit Kalziumstücken bzw. Sepia
- mindestens eine trockene warme und eine feuchte Höhle
- raue Gegenstände (raue Steine, Korkröhren)
- Bodengrund, z.B. aus Sand- Lehmgemisch
- Kletteräste
- weitere Versteckmöglichkeiten
- Grabemöglichkeiten
- verschiedene Sichtschutzbarrieren (z.B. trockene Grasbüschel)
- sehr gut: Rückwand mit Vorsprüngen zum Klettern

Feuchte Höhlen aus Haushaltsdosen

Eine der einfachsten und praktischsten Varianten ist es, feuchte Höhlen aus Haushaltsdosen anzubieten. Geeignet sind Dosen ab einer Größe von 30x15x10cm (LxBxH). In den Deckel schneidet man ein Loch, das so groß ist, dass ein Gecko problemlos hineinkommt.

Als Substrat kann man verschiedene Materialien verwenden. Bei uns hat sich ein torfartiges Gemisch aus gepressten Teilen der Kokosnuss bewährt. Diese werden unter verschiedenen Handelsnamen als gepresste „Ziegel“ im Zoofachhandel angeboten und quellen bei Wasserzugabe auf. Die Dose füllt man so hoch auf, dass die Geckos auf dem Substrat sitzend mit ihrem Rücken Kontakt zum Deckel haben. Das Substrat muss regelmäßig überprüft und gegebenenfalls nachbefeuchtet werden. Es sollte immer schwach feucht, darf jedoch niemals nass sein. Alle ein bis zwei Monate wird das Substrat komplett ausgetauscht; sollten Schimmel oder andere Verunreinigungen auftreten, natürlich häufiger. In diesen Höhlen ist die Temperatur meist niedriger als im restlichen Terrarium und die höhere relative Luftfeuchtigkeit unterstützt die Geckos während der Häutung und bietet gerne angenommene Eiablageplätze.

Hin und wieder liest man den Tipp, dass man für die feuchten Höhlen Vermiculite verwenden kann. Dieses hat eine gute Wasserspeicherfähigkeit und wird oftmals zur Inkubation verwendet. Im Terrarium hat Vermiculite allerdings nichts zu suchen, da es vorkommen kann, dass die Geckos dieses Material fressen. Aufgrund des hohen Magnesiumanteils kann es dann zum Tod des Tieres führen (PUGSLEY, SCHOBER, TREMPER, pers. Mitt.).

Vergesellschaftung

Leopardgeckos gehören zu den Tieren, bei denen es nahezu unmöglich ist, sie mit anderen Arten zu vergesellschaften. Kleinere Mitbewohner werden einfach verspeist und gegenüber größeren Tieren sind gerade die Männchen sehr territorial; aber auch Weibchen können erbittert ihr Revier verteidigen. Der eine oder andere Terrarianer mag versucht sein, eine tagaktive Art als „Tagschicht" im Terrarium dazuzugesellen, in der Hoffnung, dass sich die Tiere so aus dem Weg gehen – dies schlägt jedoch fast immer fehl. SCHIFTER (1988) berichtet, wie bei ihm eine *Liolaemus*-Art, ein Kleinleguan, angegriffen und stark verletzt wurde. Es wurden auch andere Fehlschläge bekannt. So zerquetschte ein ausgewachsener Leopardgecko einem fast gleichgroßen Bartagamenjungtier (*Pogona vitticeps*) den Kopf (FAßNACHT pers. Mitt.). Auch eine Vergesellschaftung mit Taggeckos schlug bei verschiedenen Haltern fehl (vgl. RÖSLER 2005 HENKEL et. al.2000). Hierbei handelte es sich um nahezu gleichgroße Gegner, die andere Aktivitätszeiten haben und ganz andere Lebensräume besiedeln – und dennoch kam es zu fatalen Auseinandersetzungen!

Berichte über gelungene Vergesellschaftungen sind selten. Bei mir lebten Leopardgeckos in einem Terrarium mit Zwerggürtelschweifen (*Cordylus tropidosternum*), in einem anderen Terrarium wurden Leopardgeckojungtiere gemeinsam mit Halsbandleguanjungtieren (*Crotaphytus collaris*) bis zu ihrer Trennung aufgezogen und sie lebten mehrere Jahre scheinbar problemlos zusammen. Bei anderen Haltern funktionierten allerdings die genannten Kombinationen überhaupt nicht.

Es bleibt das Ergebnis, dass man Leopardgeckos nicht zur Vergesellschaftung mit anderen Arten empfehlen kann.

Wer sich entgegen aller Warnungen doch nicht von einem Versuch abhalten lässt, sollte unbedingt bedenken, dass man die Bedürfnisse aller Tiere berücksichtigen muss. Der Größenunterschied zwischen den Tieren sollte gering sein, zumal ja auch die Leopardgeckos in das Futterspektrum größerer Arten fallen. Man muss als Pfleger damit rechnen, dass es innerhalb weniger Minuten, aber auch erst nach Monaten oder sogar Jahren zu erbitterten Kämpfen kommen kann, die mitunter tödlich ausgehen. Unterschiedliche Leopardgeckoarten bzw. –unterarten sollte man ebenfalls nicht gemeinsam in einem Terrarium pflegen um eine Bastardisierung zu vermeiden.

Leopardgeckos sind untereinander meist sehr verträglich und teilen sich sogar Versteckplätze. Männchen dürfen jedoch niemals zusammen gepflegt werden, da sich die stark territorialen Tiere schwere Kämpfe liefern. In freier Wildbahn hätte das unterlegene Männchen die Möglichkeit, sein Heil in der Flucht zu suchen. In den beengten Verhältnissen des Terrariums bleibt es jedoch den dauernden Nachstellungen des überlegenen Tieres ausgesetzt. Schwerste Verletzungen und Stressfaktoren, die zum Tode führen können, sind die Folge. Im natürlichen Habitat begegnen sich Leopardgeckos ganz erheblich seltener als im Terrarium. Um sich erfolgreich fortzupflanzen, wird ein männlicher Gecko versuchen sich zu paaren, wann immer er ein Weibchen sieht. Einzelne Männchen können scheinbar bis zu 100 Weibchen problemlos befruchten (HENKEL et. al. 2000)! Daraus wird ersichtlich, dass man ein Männchen niemals nur mit einem einzigen Weibchen halten sollte, da es zu sehr bedrängt würde.

Abb. 120. Leopardgeckos können in der Gruppe gehalten werden (1 Männchen und 2-3 Weibchen). Foto: S. Nieft

Wenn man mehrere Tiere halten möchte, sollte man also nur Weibchen pflegen oder zu einem Männchen mindestens zwei, empfehlenswerter Weise aber eher drei, vier oder mehr Weibchen. Dies ist für die Gesundheit der Weibchen sehr wichtig.

Auch wenn es selten ist, kann es passieren, dass sich Weibchen untereinander nicht verstehen. Dann ist es wichtig, viele Höhlen und Versteckplätze anzubieten und wenn sich das Verhalten nicht bessert, die Tiere zu trennen. Wenn ein Leopardgecko immer wieder durch aggressives Verhalten auffällt, kann es sich hierbei um ein „heiß gezeitigtes“ Weibchen (siehe Seite 93) handeln. Diese Tiere müssen im Einzelfall von den anderen separiert werden.

Es kann vorkommen, dass sich ein Gecko bei der Fütterung nicht gegen die anderen Tiere durchsetzen kann. Dann sollte man dieses Tier zusätzlich mit der Pinzette füttern oder in einem separaten Terrarium pflegen.

Wenn zu einer Gruppe Leopardgeckos ein weiterer hinzu gesetzt werden soll, müssen alle Tiere in etwa die gleiche Größe haben. Aber auch dann verläuft ein solcher Versuch nicht immer unproblematisch. Es passiert regelmäßig, dass der Neuankömmling von einem oder mehreren Bewohnern attackiert wird. Man muss dieses Verhalten genau beobachten, denn wenn die Aggression bleibt, muss man eingreifen, um Schlimmeres zu vermeiden. Man trennt die Tiere dann und versucht es nach einigen Wochen erneut. Wenn auch dann das gleiche Verhalten eintritt, sollte man das Terrarium komplett ausräumen, neu strukturieren und die Einrichtungsgegenstände gut abwaschen und den Bodengrund auszutauschen, um Geruchsstoffe, mit denen die Geckos markieren, zu entfernen.

Ernährung

Im Freiland ernähren sich Leopardgeckos überwiegend von Wirbellosen wie Heuschrecken, Grillen, Käfern, Libellen, Ameisenlöwen, Skorpionen aber auch von kleinen Geckos (Sharma 2002, Wilms 2004). Diese Fülle an verschiedenen Futtertieren steht einem bei der Terrarienhaltung nicht zur Verfügung. Im spezialisierten Fachhandel, aber auch per Versand vom Züchter, werden heute zahlreiche Futtertiere angeboten.

Man sollte immer versuchen, die Vielfalt der angebotenen Futtertiere groß und die Ernährung abwechslungsreich zu gestalten. Bis die Futterinsekten vom Züchter, zum Großhändler, von dort zum Einzelhändler und dann schließlich zum Käufer gelangen, erhalten sie in aller Regel kein Futter.

Abb. 121. Eine hochwertige Ernährung der Insekten ist sehr wichtig. Foto: G. Köhler

Abb. 122. Grillen bilden das Hauptfutter. Foto: G. Köhler

Um sie ernährungsphysiologisch aufzuwerten, sollte man die Futterinsekten mindestens ein bis zwei Tage vor dem Verfüttern mit hochwertigem Futter und Feuchtigkeit versorgen.

Nahezu alle der folgenden Futterinsekten nehmen gerne Fischfutter, kleine Stücke frisches Obst oder Gemüse wie Apfel, Karotte oder Paprika und Ähnliches an. Mittlerweile werden im Handel sogar Fertigfuttermischungen für einzelne Futtertierarten angeboten. Wer anfangs Probleme mit der Verfütterung der fluchtbereiten und scheinbar ekligen Futterinsekten hat, kann diese vor dem Umgang mit ihnen eine Weile in den Kühlschrank stellen. Hier verlangsamen sich ihre Bewegungen und sie können leicht mit einer Pinzette entnommen werden. Im Folgenden werden die am häufigsten angebotenen Futtertiere kurz beschrieben:

Futtertiere im Überblick

Abb. 123. *Gryllus assimilis* (Steppengrillen).

Abb. 124. *Gryllus bimaculatus* (Zweifleckgrillen).

Abb. 125. *Acheta domestica* (Heimchen).

Grillen- und Heimchenarten

Es werden verschiedene Grillen- und Heimchenarten im Handel angeboten, die allesamt sehr gut für die Ernährung der Leopardgeckos geeignet sind. Es gibt sie in unterschiedlichen Entwicklungsstadien, so dass für alle Größen der Geckos ein passendes Futtertier leicht erhältlich ist. Sie werden in durchsichtigen Plastikdosen verkauft. Bei der Entnahme muss man gut aufpassen, da sie hoch springen können und sich in kurzer Zeit verstecken. Dabei ist zu beachten, dass Heimchen viel höher springen als Grillen! Entkommene adulte Grillenmännchen sind in der Lage, sehr laut zu zirpen; und was einen in der ersten Nacht noch romantisch an den letzten Campingurlaub erinnert, wird nach wenigen Tagen äußerst nervenaufreibend. Man sollte also immer genau darauf achten, dass die Insekten beim Hantieren nicht entkommen und das Terrarium „grillendicht" ist. Wenn man die Grillen eine Weile hältern möchte, sollte man sie aus den kleinen Transportdosen in ein größeres gut gelüftetes Gefäß überführen. Hierzu werden oft kleine Plastikterrarien verwendet. In diesen stellt man Versteckplätze wie Eierkartons auf und bietet in kleinen Schalen separat trockenes und feuchtes Futter an.

Abb. 126. Heuschrecke.

Heuschrecken

Die verschiedenen Heuschreckenarten stellen ebenfalls eine gut geeignete Nahrung dar. Allen in der Terraristik verwendeten Heuschrecken ist gleich, dass sie tagaktiv sind und sich nicht im Terrarium verstecken. Auf ihre Vorzugstemperatur aufgeheizt, zeigen sie ein lebhaftes Fluchtverhalten, das die Geckos zu wilden Jagden motiviert.

Zur Hälterung setzt man die Heuschrecken in kleine Terrarien und bietet ihnen trockenes und feuchtes Futter, bevorzugt Keimlinge und Sprossen, an. Mit einer kleinen Glühbirne beleuchtet und beheizt man das Terrarium.

Abb. 127. *Blaptica dubia* (Argentinische Schabe).

Schaben

Gerade Europäer haben oftmals einen schier unüberwindlichen Ekel vor Schaben. Es gibt einige Arten, die Krankheiten übertragen und sich als Schädlinge rasant vermehren. Als Futter werden lediglich tropische Arten angeboten, die geringere Vermehrungsraten haben, sich erschwert in der Wohnung vermehren und als Futter sehr gesund sind. Man hältert die meisten Arten wie Grillen, manche Arten aber feuchter.

Abb. 128. "Mehlwürmer"

„Mehlwürmer“

Hierbei handelt es sich um die Larven des Mehlkäfers. Umgangssprachlich und im Handel werden sie jedoch fast ausschließlich als Mehlwürmer bezeichnet; daher behalten wir diese Bezeichnung im Folgenden bei. Mehlwürmer ernähren sich von allerlei organischem Material und sind leicht mit Fischfutter und etwas Obst zu füttern. Nach einigen Häutungen, nach denen die Mehlwürmer immer eine zeitlang weiß aussehen, wandeln sie sich in Puppen um, aus denen nach einiger Zeit die Käfer schlüpfen. Sowohl die Puppen als auch die Käfer werden normalerweise nicht gefressen.

Mehlwürmer sind sehr fettreich und haben eine dicke Chitinhülle, was sie bei den Pflegern vieler Reptilienarten äußerst unbeliebt gemacht hat. Bei der Ernährung von Leopardgeckos hat man jedoch bemerkt, dass die Geckos diese Futtertiere gerne fressen und gut tolerieren. Zudem sind sie in flachen Schalen leicht zu verfüttern und aufgrund ihrer langsamen Fortbewegung gut zu handhaben.

Man sollte sich allerdings nicht dazu hinreißen lassen, Mehlwürmer als überwiegende Nahrung anzubieten, nicht zuletzt, da sie die Geckos schnell verfetten lassen. Sie sollten maximal 1/3 der Ernährung ausmachen. Man hältert sie in Schalen oder gut belüfteten Dosen in lockerem und trockenem Substrat wie Müsli. Auch wenn sie feuchtes Futter benötigen, muss man darauf achten, dass die Umgebung der Mehlwürmer trocken bleibt, da die Larven sonst rasch sterben können.

Abb. 129. *Zophoba morior*

Zophobas

Im Handel werden regelmäßig Larvenstadien des *Zophoba morior*, des Schwarzkäfers, angeboten, die den Mehlkäferlarven sehr ähnlich sind, jedoch erheblich größer werden. Sie eignen sich gut als Futter, werden jedoch nicht immer von allen Geckos gefressen. Da sich Schwarzkäferlarven nur verpuppen, wenn sie ungestört sind und nicht ständigen Kontakt zu Artgenossen haben, kann man sie bei Zimmertemperatur über einige Wochen hältern. Als Substrat eignet sich beispielsweise Müsli. Die Käfer können unter Stress ein übelriechendes Sekret absondern und werden deshalb von den Leopardgeckos nicht gefressen.

Abb. 130. Wachsmottenlarven

Wachsmottenlarven

Wachsmottenlarven („Wachsmaden") werden im Handel in einer trockenen bräunlichen Masse angeboten; um an die Larven zu gelangen, muss man als Pfleger Geduld

Abb. 131. Leckerbissen: Ab und zu können Wachsmottenlarven verfüttert werden. Foto: S. Heuser

haben und die Maden aus dem Substrat, mitunter noch aus dem gesponnen Kokon, herauslesen. Aber der Aufwand lohnt sich: Wachsmottenlarven schmecken den Leopardgeckos sehr gut und selbst scheue Exemplare stürzen sich meist innerhalb kurzer Zeit darauf. Da diese Futtertiere sehr fett sind, sollten sie den Geckos nur selten und nicht in großen Mengen angeboten werden.

Wachsmottenlarven eignen sich auch besonders gut, um Nahrungsverweigerer zum Fressen zu bringen. Sollten die Geckos die Maden nicht fressen, kann man die Futtertiere zerdrücken und den Geckos auf den Maulrand streichen. Dort werden sie von den Geckos zumeist rasch aufgeleckt, und mit etwas Glück kommen sie dann auf den Geschmack. Während die Puppen normalerweise nicht gefressen werden, machen sich die Geckos gerne die Mühe den flatternden Motten hinterher zu jagen.

Abb. 132. Um die Augen zu schützen, werden die Lider beim Verschlingen der Futtertiere oft geschlossen. Foto: D. Bohle

Üblicherweise werden in wechselnder Folge zu etwa 50% Grillen verfüttert und die anderen Prozentanteile teilen sich andere Insekten.

Die meisten Futtertiere versuchen, sich in dunklen Ritzen zu verstecken und einmal dem Terrarium entkommene Grillen können eine erhebliche Lärmbelästigung darstellen – und den Haussegen schief hängen lassen! Einige Arten können sich auch hin und wieder in der Wohnung vermehren. Es gibt zahlreiche geeignete Fallen und auch „die chemische Keule“ kann im Einzelfall im Wohnraum nötig werden. Wer zahlreiche Reptilien pflegt und sowohl Geld sparen als auch eine Qualitätsgarantie haben möchte, kann Futterinsekten auch mit relativ wenig Aufwand selbst züchten. Es finden sich hierzu zahlreiche Beschreibungen im Internet oder in speziellen Büchern (z.B. FRIEDERICH & VOLLAND 1992).

Wer Probleme hat, Futtertiere im näheren Umland zu erstehen, kann diese auch bestellen. In Terraristikmagazinen sowie im Internet finden sich viele private und professionelle Züchter diverser Insekten, die diese dann verschicken. Die Leopardgeckos fressen noch viele andere Tiere, so z.B. Engerlinge des Junikäfers (*Amphimallon solstitialis*) (SCHIFTER 1988) oder Termiten (WAGNER 1974). Auch heimische Insekten, wie Heuschrecken oder anderes Kleingetier, können verfüttert werden. Man muss allerdings darauf achten, dass sie nicht in der Nähe von belasteten Gebieten, beispielsweise Feldern, Straßen, Industrieanlagen etc., gefangen werden und sich keine geschützten Tiere darunter befinden.

Gerade bei den Geckos nicht bekannten oder sehr raschen Futtertieren kann man ein interessantes **Jagdverhalten** beobachten. Die Geckos sehen das Futtertier und begeben sich langsam darauf zu. Wenn sich die Leopardgeckos nun stark auf das Futtertier konzentrieren heben sie den Schwanz an und wedeln mit ihm von einer zur anderen Seite. Unter Umständen nehmen sie noch einmal Geruchsstoffe mit der Zunge auf, um dann mit einem raschen Biss die Beute zu ergreifen. Um die Augen zu schützen pressen die Geckos nun ihre Lider zusammen, drücken die Beute gegen den Boden oder einen Einrichtungsgegenstand und unterstützen dies gelegentlich mit Kaubewegungen, bis das Futtertier soweit ermattet ist, dass sie es verschlingen können.

Abb. 133. An der Dicke des Schwanzes läßt sich der Ernährungszustand erkennen.
Foto: G. Köhler

Wenn die Geckos eine Futtertierart bereits kennen und diese als wenig fluchtgefährdet und harmlos einschätzen, entfällt dieses Verhalten und sie fressen in der von ihnen gewohnten Ruhe. Für die Wedelbewegungen des Schwanzes gibt es keine eindeutige Erklärung. Es wäre möglich, dass die zum Zeitpunkt der Jagd hochkonzentrierten Geckos nicht mehr ausreichend auf Feinde achten können. Der sich hin und her bewegende Schwanz könnte einen möglichen Angreifer ablenken und eine Attacke auf dieses regenerierbare Körperteil dem Gecko die Flucht vereinfachen. Vielleicht entlädt sich aber auch nur die innere Angespanntheit und Aufregung in diesem Verhalten.

In ihren Herkunftsgebieten sind Leopardgeckos opportunistische Fresser – sie fressen also, wann immer sich ihnen eine Gelegenheit bietet, da sie nicht wissen können, wann es das nächste Mal etwas gibt. So erklärt sich auch deren scheinbare Verfressenheit. Wenn sie einmal gelernt haben, dass der Pfleger das Futter bringt, kann man sie hin und wieder regelrecht beim Betteln beobachten, indem sie sich vorne an die Scheibe stellen und den Menschen nicht aus dem Blick verlieren. Sie fressen auch im Terrarium nahezu bei jeder Gelegenheit und man muss bei ersten Anzeichen einer Verfettung regulierend eingreifen.

Häufigkeit/Menge der Fütterungen

An der Dicke des Schwanzes, der als Energiespeicher dient, kann man den Ernährungszustand der Tiere erkennen.

Bei gutem Ernährungszustand ist es völlig ausreichend, wenn man die ausgewachsenen Leopardgeckos ein- bis dreimal pro Woche füttert. Ausnahmen bilden Jungtiere, trächtige Weibchen sowie kranke Tiere, die häufiger gefüttert werden.

An die erforderliche Futtermenge sollte man sich langsam herantasten und nach Möglichkeit immer nur gerade so viel füttern, wie die Geckos innerhalb kurzer Zeit fressen.

In den Terrarien sieht man oftmals chronisch überfütterte Geckos! Die Hauptfettspeicherorgane stellen der Schwanz sowie Fettanlagen im Bauch dar. Aber auch an den Organen macht sich eine fehlerhafte Ernährung bemerkbar und kann die Lebenserwartung stark reduzieren.

Die klassischen Fehler in der Ernährung der Leopardgeckos stellen zu häufige Fütterungen mit fetten Futtertieren dar. Man füttert die Geckos am besten zum Beginn ihrer Aktivitätszeit, in der frühen Dämmerung. Eingewöhnte Tiere kommen allerdings auch tagsüber aus ihren Verstecken um zu fressen.

Man darf nie zu viele Futtertiere auf einmal in das Terrarium setzen, da dieses zu Panikreaktionen bei den Geckos führen kann.

Die Geckos können ihre Nahrung nicht zerkleinern und würgen sie deshalb am Stück herunter. Auch wenn sie mitunter in der Lage sind, größere Insekten zu verschlingen, darf man es bezüglich der Futtertiergröße nicht übertreiben. Als Grundregel sollte das Futter nicht größer als die Kopfbreite des Geckos sein.

Die Fütterungen verlaufen nicht immer unproblematisch, da Leopardgeckos immer wieder ein besonderes Interesse an Futtertieren finden, die ein Mitbewohner bereits im Maul hat. Hier sollte man eingreifen, um Bissverletzungen der Tiere zu vermeiden.

Abb. 134. Der Pfleger muss aufpassen, dass kein Streit um die Futtertiere entsteht.
Foto: S. Heuser

Abb. 135. Seltener Anblick: Leopardgecko beim Fressen eines Stückchens Banane.
Foto: H. Rösler

Auch wenn es bei ansonsten ausgewogener Ernährung nicht unbedingt notwendig ist, sind Babymäuse gerade für Weibchen, für die die Zeit der Fortpflanzung sehr zehrend sein kann, ein oft verwendeter Zusatz zu der üblichen Ernährung. Die noch nackten und blinden Mäusejungtiere sind sehr nahrhaft und somit für geschwächte Tiere eine gute Hilfe – sie werden allerdings nicht von jedem Leopardgecko gefressen, Weibchen zeigen aber regelmäßig besonderes Interesse daran (WAGNER 1974). Aus Gründen des Tierschutzes werden die kleinen Nager nur tot verfüttert. Zu diesem Zweck werden von vielen Futtertierlieferanten gefrorene Babymäuse in verschiedenen Größen angeboten, die der Pfleger einzeln auftauen kann. Geckos, die gelernt haben von der Pinzette zu fressen, nehmen von dieser meist auch die toten, aufgetauten Mäuse an.

Gerade in kommerzialisierten Zuchten stellen die Larven des Mehlkäfers das Hauptfutter dar und werden einfach in Futterschalen dauerhaft angeboten. Die

Abb. 136. Mit der Pinzette kann man die Futtertiere jedem einzelnen Gecko anbieten. Foto: S. Heuser

Schalen werden meist täglich herausgenommen und nicht gefressene Larven gegen neue ausgetauscht. In seltenen Fällen nehmen die Leopardgeckos auch süßes Obst an.

Im Zubehörhandel werden Futterpellets und Futterinsekten in Dosen angeboten. Was auf den ersten Blick nach einer interessanten Alternative zur Verfütterung von lebenden Tieren aussieht, birgt jedoch zahlreiche Probleme. Zum einen wird dieses künstliche Futter von kaum einem Leopardgecko angenommen, andererseits fehlen Langzeitstudien, die die dauerhafte Verträglichkeit dieser Futtermittel bestätigen. Jedem Pfleger muss klar sein, dass die Verfütterung lebender Tiere zur Haltung von Leopardgeckos gehört! Nicht zuletzt stellt die Jagd auf die Insekten für die Geckos eine wichtige Ablenkung des reizarmen Terrarienalltages dar.

Trinken

Wenn Leopardgeckos auch generell aus trockenen Gebieten kommen, sind sie doch auch auf feuchtere Stellen angewiesen. Im Freiland kann man sie in der Nähe von Bächen und Wasserstellen finden und im südlichen Verbreitungsgebiet sind sie saisonal einer höheren Umgebungsfeuchte ausgesetzt (Rösler 1995). Leopardgeckos trinken im Terrarium sehr regelmäßig. Wenn einmal mehrere Tage kein Wasser zur Verfügung stand, kommen sie nach Wiederbefüllung der Wasserschale rasch aus ihren Höhlen und beginnen zu trinken. Sie lecken das Wasser mit ihrer Zunge auf. Auch Sprühwasser, das sich tropfenweise auf Einrichtungsgegenständen niederschlägt, wird gerne angenommen.

Man sollte immer darauf achten, dass sich eine flache und für die Geckos gut erreichbare Schale im Terrarium befindet. Sie wird täglich gründlich gespült und mit frischem Wasser befüllt. Das Trinkgefäß muss nicht besonders groß sein, da es von den Geckos nur zum Trinken und nicht etwa zum Baden genutzt wird.

Abb. 137. Eine Schale mit Wasser muss immer vorhanden sein. Foto: K. Grießhammer

Abb. 138. Weiblicher Leopardgecko beim Fressen von Sepiaschale. Foto: S. Heuser

Vitamine und Mineralstoffe

In freier Wildbahn steht den Leopardgeckos eine sehr große Auswahl an Futtertieren zur Verfügung, die sich ihrerseits von einer noch größeren Zahl an Pflanzen ernähren. Es ist unmöglich, diese Vielfalt im Terrarium nachzustellen. Zudem haben die meisten üblichen Futtertiere ein ungünstiges Kalzium:Phosphor-Verhältnis, was den Bedarf an Kalzium erhöht. Umso wichtiger ist es daher, den geänderten Bedingungen Rechnung zu tragen und Vitamin-Mineralstoff-Präparate zu verwenden.

Die Gabe von Vitamin-Mineralstoff-Präparaten sowie zusätzlich Kalzium ist bei der Pflege von Leopardgeckos sehr wichtig und ist gemeinsam mit der abwechslungsreichen Ernährung einer der wichtigsten Faktoren für die Gesunderhaltung der Tiere.

Es werden zu diesem Zweck verschiedene Pulver angeboten; das sicherlich bekannteste und bewährte Korvimin ZVT+Reptil ist in verschiedenen Verpackungsgrößen beim Tierarzt erhältlich. Der Zubehörmarkt bietet eine Fülle weiterer Präparate an, die auch sehr geeignet sind.

Man sollte beim Kauf darauf achten, dass das Pulver „frisch" ist, also noch nicht vor längerer Zeit abgefüllt wurde und keinen hohen Temperaturen ausgesetzt wurde. Viele Vitamine sind nicht besonders temperaturstabil und werden rasch inaktiv. So bewahrt man das Pulver auch daheim lichtdicht und trocken am Besten im Kühlschrank auf.

Die Anwendung ist einfach: Je nach Herstellerangaben hat es sich bewährt, das Pulver bei jeder zweiten Fütterung anzuwenden. Hierzu nimmt man ein größeres glattes Gefäß, z.B. ein leeres Marmeladenglas, und gibt eine kleine Menge des Pulvers hinein. Nun gibt man die Futtertiere hinzu, verschließt das Glas und schüttelt es leicht, bis die Tiere eingepudert sind. Die eingestäubten Insekten verfüttert man anschließend. Sie sollten möglichst bald gefressen werden, da sie sich ansonsten durch Abrieb und Putzverhalten rasch wieder des Pulvers entledigen.

Verschiedene Erkrankungen oder Probleme bei der Zucht von Leopardgeckos sind auf eine Unterversorgung der Tiere mit Vitaminen zurückzuführen. Aber es kann auch zu Überversorgungen kommen, da bestimmte Vitamine fettlöslich sind und sich so im Körper anreichern, bis sie gesundheitliche Schäden anrichten können. Bei den oben beschriebenen Präparaten und sachgemäßer Anwendung sollten diese Probleme allerdings nicht entstehen.

Kalzium

Bei der Pflege, Zucht und Aufzucht von Leopardgeckos ist es sehr wichtig, auf eine ausreichende Versorgung mit Kalzium zu achten. Das Kalzium ist für viele verschiedene physiologische Prozesse wie zum Beispiel den Knochenaufbau oder die Heranbildung von Eiern notwendig. Man findet bei verschiedenen Pflegern immer wieder Geckos, die deutliche Zeichen einer Unterversorgung zeigen, obwohl es gerade bei Leopardgeckos sehr einfach ist, ihnen ausreichend Kalzium zuzuführen.

Zusätzlich zum Einstäuben der Futtertiere mit einem Vitamin-Mineralstoff-Präparat bietet man Leopardgeckos in jedem Alter zusätzlich Kalzium an, von dem sie sich nach Bedarf bedienen können.

In naturalistischen Terrarien kann man beispielsweise Taubengrit-Stückchen frei auf dem Boden verteilen; um einen besseren Überblick zu behalten, empfiehlt es sich aber, das Kalzium in einem flachen Schälchen anzubieten. Die Geckos nehmen gerne kleingebröselte Stückchen der Sepiaschale oder Taubengrit. Beides kann man im spezialisierten Zoohandel erwerben. Dort findet man auch Kalzium in Pulverform, das von den Geckos aufgeleckt wird. Es eignet sich auch Kalziumzitratpulver,

Auswirkungen von Kalziummangel bei Leopardgeckos:

- weiche Knochen
- umfangsveränderte Extremitäten
- weiche, gegebenenfalls unförmige, Kiefer
- mangelhafte Bildung der Eier
- Legenot
- zahlreiche andere Krankheitsbilder
- Unterversorgte Geckos fressen oft übermäßig Bodengrund, was zu einer lebensgefährlichen Verstopfung führen kann.

das günstig in der Apotheke erworben werden kann. Da das Kalzium praktisch nicht in zu großen Mengen aufgenommen werden kann, reicht es aus, lediglich darauf zu achten, dass die Kalzium-Schälchen immer gefüllt sind. Das Kalzium kann nur mit Hilfe von Vitaminen (D_3) im Körper ausreichend verwertet werden. Bei der Verwendung eines oben beschriebenen Vitamin-Mineralstoff-Präparates sollte eine ausreichende Versorgung mit diesen gewährleistet sein.

Abb. 139. Eine Schale mit Sepia-Bröckchen sollte immer vorhanden sein. Foto: G. Köhler

Pflegemaßnahmen

In der alltäglichen Routine sind die Leopardgeckos nicht besonders pflegeaufwändig. Man sollte allerdings täglich für frisches Wasser sorgen und den Kot sowie Nahrungsreste entsorgen. Im günstigsten Fall übersprüht man ebenfalls jeden Morgen vor Einschalten der Beleuchtung einen Teil des Terrariums mittels einer Blumenspritze. Hierzu verwendet man lauwarmes Trinkwasser. Sollte dieses nicht täglich durchgeführt werden können, ist das kein Problem, da die Geckos sich ja in ihre feuchte Höhle zurückziehen können. Diese kontrolliert man alle drei bis vier Tage und gibt gegebenenfalls Wasser hinzu. Regelmäßig sollte man jeden einzelnen Gecko – beispielsweise während der Fütterung – betrachten, um seinen Gesundheitszustand zu überprüfen. Man betrachtet den Gang der Geckos, deren Ernährungszustand und achtet auf Häutungsreste. Das Kalziumangebot wird ebenfalls kontrolliert und gegebenenfalls erneuert. Alle paar Wochen, bei Bedarf häufiger, wird der Bodengrund zumindest zum Teil ausgewechselt und die Einrichtungsgegenstände gesäubert. Mindestens einmal im Jahr sollte eine Grundreinigung mit kompletter Erneuerung des Bodensubstrates und Desinfektion der Einrichtungsgegenstände (nur Desinfektionsmittel für Reptilien verwenden) erfolgen.

Die wichtigsten Pflegemaßnahmen im Überblick

täglich:
- einen Teil des Terrariums kurz mit lauwarmem Wasser besprühen
- Trinkwasser wechseln
- Kot und Nahrungsreste entsorgen

Alle paar Tage:
- feuchte Höhle, Gesundheitszustand der Tiere und Kalziumvorrat kontrollieren
- füttern

Alle paar Wochen:
- Einrichtungsgegenstände säubern
- Bodengrund zum Teil wechseln

Einmal im Jahr:
- Grundreinigung des Terrariums

Urlaubspflege

Kurzurlaube von 2-4 Tagen vertragen gesunde Leopardgeckos normalerweise ohne Futter oder weitere Pflege ohne Probleme. Bei längerer Abwesenheit sollte man einen erfahrenen Terrarianer fragen, ob er die Tiere für diese Zeit übernehmen kann oder im besten Fall sogar alle paar Tage vor Ort versorgt. Sollte man so eine Person nicht kennen, können auch nicht mit der Pflege von Reptilien vertraute Menschen angelernt werden. Sie sollten regelmäßig das Trinkwasser wechseln, die Kotplätze säubern und am einfachsten regelmäßig einige wenige Mehlwürmer in einer flachen Schale anbieten. Auf einem Blatt Papier notiert man für die Urlaubsvertretung die wichtigsten Pflegemaßnahmen und fügt für den Notfall die Telefonnummern eines befreundeten Terrarianers und eines reptilienkundigen Tierarztes bei.

Winterruhe

Leopardgeckos sind in ihrem Lebensraum starken saisonalen Klimawechseln unterworfen. Gerade die kälteste Zeit des Jahres verbringen sie in einer Winterruhe, also einer Zeit stark reduzierter Aktivität. Auch im Terrarium sollte man eine solche Ruhephase durchführen, da dies der Gesundheit und der sexuellen Synchronisation zuträglich ist. Da die Leopardgeckos beispielsweise durch eine Abkühlung der Raumtemperatur oder eine Änderung des durchs Fenster einfallenden Lichtes durchaus Anteil an unseren Jahreszeiten nehmen, ist es empfehlenswert, mit der Winterruhe in unseren Herbst- und Wintermonaten zu beginnen.

Es sollten nur gesunde Leopardgeckos kühl überwintert werden, da sich Erkrankungen ansonsten verschlimmern können. Gerade Infektionen und der Befall mit Parasiten können zu einem ernsten Problem werden. Man sollte daher überlegen, vor der Winterruhe eine Kotprobe untersuchen zu lassen.

Leopardgeckos, die ihren Schwanz verloren haben, sollten ebenfalls nicht überwintert werden, bis dieser wieder nachgewachsen ist.

Wenn die Geckos gesund und in einem guten Ernährungszustand sind, beginnt man mit den Vorbereitungen, indem man die Beleuchtungszeit auf 10 Stunden reduziert und die Geckos konsequent nicht mehr füttert. Nach zwei Wochen ohne Futter bei gleichbleibend hohen Temperaturen sollten die Tiere abgekotet und ihr Verdauungssystem somit weitgehend entleert haben. Warum dieses wichtig ist, wird später erklärt. Dann wird die Beleuchtungszeit auf 2-6 Stunden verkürzt oder schließlich – ebenso wie alle Heizquellen – gänzlich abgeschaltet. Dass Terrarium sollte sich auf ca. 14-18°C abkühlen, zumindest jedoch auf Zimmertemperatur. Die Überwinterung bei normalen Zimmertemperaturen scheint keine negativen Auswirkungen auf die Gesundheit oder die Fortpflanzungsbereitschaft zu haben.

Je nach Herkunftsgebiet sind kühlere Temperaturen sicher natürlicher und werden von den Geckos auch gut vertragen (WILHELM 1998). Auch die Dauer der Winterruhe ist aus klimatischen Gründen sicherlich nicht überall im Verbreitungsgebiet gleich lang und variiert zwischen zwei und sechs Monaten. Wir empfehlen aus Sicherheitsgründen eine Überwinterung bei ca. 16-18°C oder Zimmertemperatur und schwacher Beleuchtung während sechs Stunden

Abb. 140. Eine Winterruhe dient der Gesundheit der Leopardgeckos. Foto: S. Heuser

pro Tag oder Abschaltung der Beleuchtung für eine Dauer von zwei bis drei Monaten. Mit dieser Methode verfallen die Geckos nicht in eine „Winterstarre“, sondern zeigen lediglich eine stark verringerte Aktivität. Die physiologischen Prozesse im Körper ändern sich und so nehmen die Geckos während dieser Zeit auch kaum an Gewicht ab. Sie können immer wieder dabei beobachtet werden, wie sie herumlaufen, hin und wieder Wasser trinken, um dann wieder in ihren Verstecken zu verschwinden.

Manchen Pflegern fällt es schwer, den Geckos keinerlei Futter anzubieten.Dies ist aber sehr wichtig: da die Verdauung aufgrund der niedrigen Temperaturen nicht wie sonst abläuft, könnten Nahrungsreste im Verdauungstrakt gären und den Tieren schaden.

Leopardgeckos in einem guten Ernährungszustand können zur Not etliche Monate ohne Futter überleben. Frisches Wasser muss ihnen jedoch immer angeboten werden. Man sprüht nur mit geringeren Mengen als sonst, oder unterlässt es ganz, da durch die niedrigen Temperaturen das Wasser nicht so schnell verdunstet und sich hieraus gesundheitliche Probleme ergeben können. Man sollte jedoch mindestens eine Höhle weiterhin feucht halten.

Manipulationen an der Tieren oder dem Terrarium werden auf das absolute Minimum reduziert, um die Geckos nicht zu stören. Man sollte lediglich das Wasser regelmäßig wechseln und hin und wieder die Geckos bezüglich ihres Gesundheitszustandes kontrollieren. Wenn die Geckos stark an Gewicht verlieren oder anders auffällig werden, ist die Überwinterung sofort abzubrechen.

Wenn das geplante Ende der Winterruhe erreicht ist, steigert man über ein bis zwei Wochen täglich die Beleuchtung und Beheizung um ein paar Stunden, bis die gewohnte

Abb. 141. Auch während der Winterruhe kommen die Geckos manchmal aus ihren Höhlen, um zu trinken. Foto: K. Grießhammer

Abb. 142. Die Zeit der Winterruhe verbringen die Geckos in ihrer Höhle. Foto: G. Köhler

Dauer erreicht ist. Erst dann beginnt man wieder mit den Fütterungen.

Die beschriebene Methode ist nur eine Möglichkeit, die Tiere zu überwintern und etliche Halter haben andere Vorgehensweisen. So überführen viele Terrarianer die Leopardgeckos in ein kleineres Terrarium in einem kühlen Raum. Auch wenn die Geckos kurzfristig niedrigere Temperaturen vertragen, sollte man aus Sicherheitsgründen mit einem Min-Max-Thermometer oder sogar einem Thermostat und einer Heizquelle dafür sorgen, dass die Temperaturen nicht dauerhaft unter 10°C fallen. Zur Initiierung der Fortpflanzungszeit ist nach WAGNER 1974 eine Absenkung der Überwinterungstemperaturen nicht notwendig. Vielmehr scheint die Photoperiode, die Beleuchtungsdauer, ausschlaggebend zu sein. Eine Absenkung der Temperaturen ist dennoch empfehlenswert.

Check-up Winterruhe

- ✓ keine kranken Tiere überwintern (ebenfalls keine mit kürzlichem Schwanzverlust)
- ✓ Kotprobe vor der Überwinterung abgeben
- ✓ auf guten Ernährungszustand achten
- ✓ im Herbst die Beleuchtungszeit auf 10 Stunden reduzieren - für 2 Wochen konsequent nichts mehr füttern!
- ✓ dann die Temperatur auf 16-18°C im Terrarium senken bei einer Beleuchtungsdauer von höchstens 6 Stunden pro Tag.
- ✓ Dauer: 2-3 Monate
- ✓ Während der Winterruhe nichts füttern, nur sauberes Wasser und mindestens eine feuchte sowie eine trockene Höhle zur Verfügung stellen!
- ✓ Zur Beendigung der Winterruhe Beleuchtung und Beheizung wieder schrittweise steigern.

Abb. 143. Zur Beendigung der Winterruhe werden Beleuchtung und Beheizung wieder gesteigert. Foto: S. Heuser

Zucht

Die Vermehrung des Leopardgeckos in der Terrarienhaltung ist generell nicht besonders schwierig. THOROGOOD & WHIMSTER (1978) berichteten bereits von 15 Jahren Erfahrung mit der Zucht unter Laborbedingungen mit über 200 Geckos und einer nahezu 100%igen Erfolgsquote bei der Inkubation befruchteter Eier und der Aufzucht der Jungtiere. Man sollte zur Zucht nur gesunde Leopardgeckos verwenden. Weibchen sollten ein Mindestgewicht von 40g aufweisen. Sie erreichen dies normalerweise in ihrem zweiten Lebensjahr, in Ausnahmefällen jedoch deutlich früher.

Abb. 144-145. Beim Paarungsverhalten beginnt das Männchen, am Schwanz des Weibchens zu lecken. Fotos: S. Heuser

Paarung

Bei geschlechtsreifen Leopardgeckos, die man pärchenweise oder in Zuchtgruppen hält, beginnt rund einen Monat nach Beendigung der Winterruhe ohne weiteres Hinzutun des Pflegers die Paarungszeit. Wenn man die Leopardgeckos nach Geschlechtern getrennt hält, setzt man sie ebenfalls zu dieser Zeit zusammen. In diesem Fall setzt man das oder die Weibchen in das Terrarium des Männchens, da letzteres dann rascher diese „Eindringlinge" in sein Territorium begutachtet und gegebenenfalls begattet.

Männchen und Weibchen scheiden Pheromone aus und Leopardgeckos können anhand dieser Duftstoffe das Geschlecht der Artgenossen unterscheiden (COOPER & STEELE 1997). Wenn ein paarungsbereites Männchen ein Weibchen entdeckt, gerät seine Schwanzspitze in heftige Vibration. Dabei kann man ein rasches Trommeln vernehmen. Dieses Verhalten wird von dem Weibchen oft mit einer seitwärtsgerichteten Schlängelbewegung des Schwanzes, der hierzu gelegentlich noch angehoben wird, beantwortet. Das Männchen

Abb. 146. Paarung im Terrarium. Foto: S. Heuser

nähert sich nun an und beginnt, am Schwanz des Weibchens beginnend es zu belecken und mit mehr oder weniger bedächtigen Bissen arbeitet sich das Männchen entlang der Körperseite bis zum Nacken seiner Partnerin vor. Dort hält er sich mit dem Nackenbiss fest. Er greift nun mit einem seiner Hinterbeine um den Schwanz des Weibchens. Das

Abb. 147. Paarungsbiss.

Abb. 148. Paarung in einer Korkröhre.

Fotos: S. Heuser

Weibchen hebt daraufhin ihren Schwanz leicht an, danach bringt das Männchen seine Kloake zu der des Weibchens und vollzieht die Paarung mit dem Hemipenis, der dem Weibchen zugewandt ist. Die tatsächliche Paarung dauert nur wenige Minuten; danach trennen sich die Tiere wieder und reinigen ihre Kloake und den Hemipenis mit der Zunge (eigene Beobachtungen, vgl. THOROGOOD & WHIMSTER 1979). Bei dieser Beschreibung handelt es sich um den „idealisierten“ Vorgang. Tatsächlich kann der Akt der Paarung auch anders aussehen und einzelne Elemente, wie der Nackenbiss, entfallen (RÖSLER 2005).

Die Paarung kann recht ruppig vonstatten gehen und dabei Verletzungen der Haut oder in seltenen Fällen den

Abb. 149-151. Verhalten nach der Paarung: Die Kloake und der Hemipenis werden mit der Zunge gereinigt. Fotos: S. Heuser

Verlust des Schwanzes eines Tiere mit sich bringen. Nicht paarungswillige, insbesondere auch „heiß gezeitigte“ Weibchen (vgl. S. 93) versuchen zu fliehen oder wehren sich mit Bissen gegen die Annäherungen des Männchens.

Die andauernde Paarungsbereitschaft des Männchens kann die Weibchen mit der Zeit stark belasten. Deshalb sollte man bei der Haltung von Zuchtgruppen immer mehrere Weibchen mit einem Männchen pflegen.

Wenn man bemerkt, dass einzelne Weibchen dauerhaft unter diesem Verhalten leiden, ist es sicher sinnvoll, das Männchen in einem separaten Terrarium zu pflegen.

Samenspeicherung

Eine einzelne erfolgreiche Verpaarung kann für eine gesamte Paarungszeit ausreichen, um befruchtete Eier heranzubilden. Die Weibchen der Leopardgeckos sind, wie viele andere Reptilien, in der Lage die Samenzellen der Männchen zu speichern (Amphigonia retardata).

Für Züchter, die den „familiären Hintergrund“ ihrer Geckos kennen müssen, ist es wichtig zu wissen, dass eine einzelne Paarung bis in die nächste Paarungsperiode ausreichend sein kann, um befruchtete Eier zu produzieren. Bei ABRAHAM (1986) wird eine Speicherdauer von vier Monaten angegeben, VOSJOLI et.al. (2005) sprechen sogar von neun Monaten.

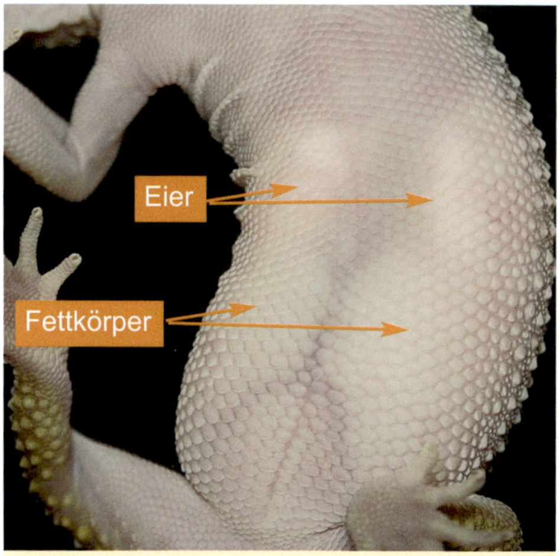

Abb. 152. Trächtiges Leopardgeckoweibchen: Über den Fettkörpern sind zwei Eier zu erkennen. Foto: S. Heuser

Trächtigkeit

Wenn man die Bauchseite der trächtigen Leopardgeckos beobachtet, kann man die Eier oftmals als helle Flecke durch die Haut schimmern sehen. Aber man kann sich hier auch täuschen, da im Bauch auch Fett eingelagert wird und dieses ebenfalls durchscheint (Abb. 152).

Während der Trächtigkeit ist es sehr wichtig, die Weibchen besonders gut mit Futter zu versorgen, da die Heranbildung der Eier zehrt. Man sollte während der Trächtigkeitsphase häufiger füttern und besonders auf eine ausgewogene Ernährung und eine gute Versorgung mit Vitaminen und Mineralstoffen achten. Es kann auch hin und wieder eine junge Futtermaus angeboten werden. Es ist wichtig, dass die Weibchen jetzt immer Kalzium vorfinden.

Eiablage

Auf der Suche nach einem geeigneten Eiablageplatz durchstreift das trächtige Geckoweibchen das Terrarium und nimmt Probegrabungen vor.

Dem Weibchen müssen unbedingt geeignete Eiablegemöglichkeiten zur Verfügung stehen, da es sonst die Eier möglicherweise zu lange im Körper behält, was zu einer lebensgefährlichen Legenot führen kann (vgl. Kapitel „Krankheiten“, S. 135).

Gerne angenommen werden Behälter aus Plastik oder Ton, die etwa 10 cm hoch mit einem leicht feuchten Substrat (z.B. Sand) gefüllt sind. In den Deckel schneidet man eine Öffnung (Durchmesser ca. 5 cm), die dem Tier den Einstieg ermöglicht. An den Eiablageplatz stellen die Weibchen hohe Ansprüche: er muss mäßig feucht, aber nicht nass sein und die geeigneten Temperaturen (ca. 25-30°C) vorweisen.

Abb. 153. Eiablagebox. Der Deckel der Haushaltsdose wurde mit einem Aufbau aus Fliesenkleber naturalistisch gestaltet, bleibt aber abnehmbar. Foto. K. Grießhammer

Wenn die Geckos die Eier abgelegt haben, werden sie von den Weibchen mit den Hinterfüßen gerollt (Neitsch 1987 zitiert in Rösler 2005).

Die ersten Eier, die ein Weibchen mit Eintritt in die Geschlechtsreife legt, sind oftmals nicht befruchtet. Der zeitliche Abstand zwischen den einzelnen Gelegen kann stark variieren und zwi-

Abb. 154. Trächtigen Weibchen kann ab und zu eine kleine Futtermaus verfüttert werden. Foto. S. Heuser

Abb. 155. Hochträchtiges Weibchen.
Foto. S. Heuser

Eiablagebox

- Behälter aus Plastik oder Ton,
- 10 cm leicht feuchtes Substrat, z.B. Sand-Erdegemisch (nicht nass!)
- Behälter nicht randvoll füllen, sondern 2-3 cm Abstand zum Deckel lassen
- Deckelöffnung (Durchmesser ca. 5 cm)
- Temperatur ca. 25-30°C

Foto: S. Heuser

schen 14 und 82 Tagen (WAGNER 1974) betragen, im Einzelfall sind auch noch extremere Werte möglich. Dieses kann mit der Ernährung, dem Alter und besonderen Stresssituationen zusammenhängen. Ein Gelege besteht aus zwei weichschaligen Eiern, einem so genannten Doppelgelege. Gerade bei sehr jungen, kranken oder alten Weibchen kann es jedoch vorkommen, dass nur einzelne Eier gelegt werden. In seltenen Fällen ist die Ablage von drei Eiern möglich (RÖSLER 2005, eigene Beobachtung), diese sind dann jedoch unbefruchtet. Gerade bei unbefruchteten Eiern kann der zeitliche Abstand zwischen den Eiablagen eines Doppelgeleges bis zu elf Tage betragen (RÖSLER 2005). Befruchtete Eier sind am Vorhandensein einer Keimscheibe zu erkennen. Das Blastoderm wandert in den ersten Stunden nach der Eiablage zu der oben liegenden Seite, wächst dort fest und ist als rosafarbene Keimscheibe sichtbar. Deshalb darf man die Eier der Geckos nicht drehen, da ansonsten der sich entwickelnde Embryo vom Dottersack erdrückt werden kann. Die Eier sind kurz nach der Ablage noch sehr weich, bekommen aber nach wenigen Stunden eine ledrig-derbe Außenhaut. Diese Eischale ist lediglich 35-40 Mikrometer dick (SCHLEICH & KÄSTLE 1988), aber erstaunlich robust.

Abb. 156. Zwei Weibchen in der Eiablagebox (bei geöffnetem Deckel).
Foto: S. Heuser

Abb. 157. Weibchen bei der Eiablage (der Deckel wurde zu Fotozwecken geöffnet). Foto. T. Holfert

Eier, die einige Stunden in einem Wassergefäß gelegen haben, können übrigens oft noch erfolgreich inkubiert werden. Einen besonderen Fall der Eiablage beschreibt RHODE (1991). Hier wurde bei einem Weibchen im November die Trächtigkeit festgestellt und das Weibchen daraufhin warm überwintert. Die Eiablage erfolgte jedoch erst im März des Folgejahres. Trotz vergleichsweise niedrigen Inkubationstemperaturen schlüpften die Jungtiere dann nach gerade einmal vierzehn Tagen.

Es lässt sich bei Leopardgeckos eine einfache Form der Brutfürsorge finden: RÖSLER (2005) beschreibt, dass Weibchen von *Eublepharis macularius* noch einige Tage nach der Eiablage die durch die Entfernung der Eier im Ablagesubstrat entstehenden Löcher wieder auffüllen. Hin und wieder findet man im Terrarium lose verstreute Eier. Hierbei handelt es sich ganz überwiegend um unbefruchtete Eier, die im warm-trockenen Klima des Terrariums schnell vertrocknen. Unbefruchtete Eier sind häufig verfärbt und fühlen sich sehr weich an. Man kann bei ihnen keine Keimscheibe erkennen.

Leopardgecko-Weibchen können in ihrem Leben 80-100 Eier legen mit den häufigsten Gelegen im Alter von 2-6 Jahren. Mit dem Erreichen ihres 9.-10. Lebensjahres legen viele Weibchen keine Eier mehr (VOSJOLI et. al. 2005, eigene Erfahrungen.).

Abb. 158. Weibchen nach der Eiablage. Foto. S. Heuser

Eier, die in einer Wasserschale abgelegt werden, sind ein recht sicheres Zeichen dafür, dass die Leopardgeckos keine ausreichend feuchte Eiablagestelle gefunden haben.

Abb. 159. Ein Gelege besteht meist aus zwei Eiern. Foto. S. Brech

Abb. 160. Die Eier werden in das Inkubationssubstrat gelegt (Tipp: vorher kleine Mulden ins Substrat machen) Foto. D. Bohle

Inkubation der Eier

Um die Eier zum Schlupf zu bringen, muss man sich mit den nötigen Brutbedingungen auseinandersetzen. Die Eier benötigen zur Entwicklung eine bestimmte Temperatur, eine spezifische Umgebungsfeuchte und Luft zum Gasaustausch. Um diese Bedingungen konstant zu ermöglichen, wird von den meisten Terrarianern ein gekaufter oder selbstgebauter Brutschrank (Inkubator) verwendet.

Die abgelegten Eier werden nach kurzer Zeit vorsichtig freigelegt und in ein mit Vermiculite gefülltes Döschen gelegt, dabei dürfen sie nicht gedreht werden. Dieses Döschen wird in den bereits vorbereiteten Brutapparat gestellt. Eine oft verwendete Variante ist der Flächenbrüter. Bei diesem sorgt ein thermostatgesteuertes Heizelement für gleich bleibende Temperaturen. Flächenbrüter werden recht günstig von verschiedenen Herstellern angeboten oder können selbst gebaut werden. Noch einfacher ist

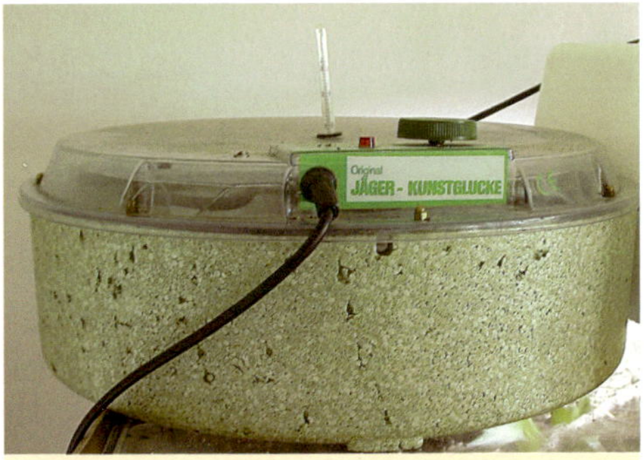

Abb. 161. Künstlicher Inkubator aus dem Handel. Foto. K. Grießhammer

Abb. 162. Flächenbrüter aus dem Handel. Foto. S. Heuser

es, einen Brutapparat in Form der sogenannten Aquarienmethode zu konstruieren.

Aquarienmethode:

Hierzu füllt man ein kleines Aquarium mit Wasser, bis ein Wasserstand von ca. 10 cm erreicht ist. Auf Abstandhalter, wie beispielsweise Ziegelsteine, stellt man dann einen verschließbaren kleineren zweiten Behälter, in den man später die Brutdosen stellt. Durch eine Glasplatte auf dem Aquarium werden übermäßiges Verdunsten des Wassers und starke Temperaturschwankungen vermieden. In den Wasserteil versenkt man einen Aquarienheizstab oder legt eine Heizmatte unter das Becken. Mit einem Thermometer im kleineren Behälter prüft man die Temperatur und muss solange die Einstellungen des Thermostats verändern, bis die gewünschte Temperatur erreicht ist.

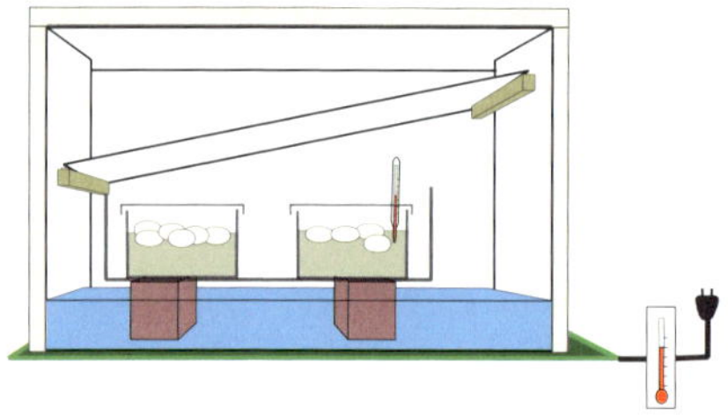

Abb. 163. Dieses Brutsubstrat (Vermiculite) ist zu nass - es tropft beim Drücken Wasser heraus. Foto: K. Grießhammer

Abb. 164. Eier im Brutsubstrat (Vermiculite). Foto: K. Grießhammer

Sollte man keinen Inkubator bauen oder kaufen wollen kann man versuchen über regionale Terrarienvereine jemanden zu finden, der bereit ist die Eier bei sich zu inkubieren. Schlussendlich kann man sogar im Heizungskeller oder auf Beleuchtungskästen Plätze finden, die geeignete Temperaturen bieten und einen Versuch wert sind. Ein nächtliches Absinken auf Raumtemperatur stellt meist kein großes Problem dar, verlängert jedoch die Inkubationszeit.

Um für die nötige Luft- und Substratfeuchtigkeit zu sorgen, stehen verschiedene Möglichkeiten zur Verfügung. Sehr häufig verwenden Züchter Vermiculite als Brutsubstrat, dass kontinuierlich Feuchtigkeit abgibt. Hierzu befüllt man die Inkubationsschale (auch „Brutdose" genannt), beispielsweise eine „Heimchendose" mindestens 3-4 cm hoch mit trockenem Vermiculite und gibt unter stetigem und gründlichem Durchmischen in kleinen Mengen Wasser hinzu, bis man das Gefühl hat, dass sich das Substrat schwach feucht anfühlt. Zur Überprüfung macht man nun die Fingerdruckprobe. Hierzu nimmt man eine erbsengroße Menge zwischen zwei Finger und presst sie kräftig zusammen. Wenn nun kein Wasser heraustritt, ist eine geeignete Substratfeuchte erreicht. Sollte es zu feucht geworden sein, mischt man einfach wieder etwas trockenes Substrat unter. Zur Inkubationstemperatur siehe Seite 93.

Die Entwicklung der Eier, Schlupf und Aufzucht zu beobachten, macht sicherlich jedem Halter Freude. Man sollte aber immer bedenken: Wer ein Männchen mit vier Weibchen verpaart muss mit bis zu 60 Jungtieren pro Jahr rechnen. Diese müssen einzeln oder in kleinen Gruppen versorgt werden, und die Weitergabe von so vielen Geckos in gute Hände kann eine große Herausforderung werden, zumal es viele private und professionelle Züchter gibt. Man sollte sich also immer gut überlegen, ob man tatsächlich alle Eier ausbrüten sollte.

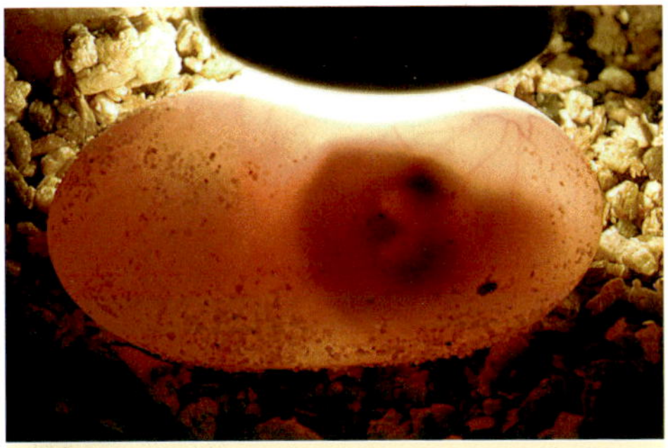

Abb. 165. Beim Durchleuchten befruchteter Eier sind je nach Entwicklungsstadium Blutgefäße und Embryonalstrukturen erkennbar. Foto: S. Nieft

Probleme bei der Inkubation

Die Eier der Leopardgeckos sind verhältnismäßig robust. Dennoch können gerade bei unerfahrenen Züchtern Probleme auftauchen.

Es passiert häufig, dass Eier nicht mehr prall sind und Falten bzw. Einbuchtungen aufweisen. Ein leichtes Einfallen ist normalerweise auf ein zu trocknes Brutsubstrat zurückzuführen und kann durch ein leichtes Erhöhen der Feuchtigkeit behoben werden. Hierzu feuchtet man das Substrat nach und vergräbt die entsprechenden Eier für einige Tage im feuchten Substrat bis sie wieder prall sind. Man darf jedoch beim Nachfeuchten nicht über das Ziel hinausschießen und muss durch die Fingerdruckprobe überprüfen, dass das Substrat nicht zu nass geworden ist.

Die Eier sind sehr empfindlich gegenüber direktem Kontakt mit Wasser.

Es kann auch passieren, dass die Eier ihre Form verlieren, zu prall werden und sich in Richtung des Substrates ausdehnen. Dies stellt normalerweise kein Problem dar, kann aber ebenfalls durch Vergraben in feuchtem Substrat behoben werden. Sich normal entwickelnde Eier haben eine weiße Farbe, können sich jedoch durch unterschiedliche Eiablage- oder Brutsubstrate leicht verfärben. Bei überraschend eintretenden Verfärbungen, pelzigem Belag oder auffälligem Geruch muss man allerdings von einer Infektion mit Pilzen oder Bakterien ausgehen. Befallene Eier sind oftmals nicht mehr zu retten und in jedem Fall rasch mit möglichst

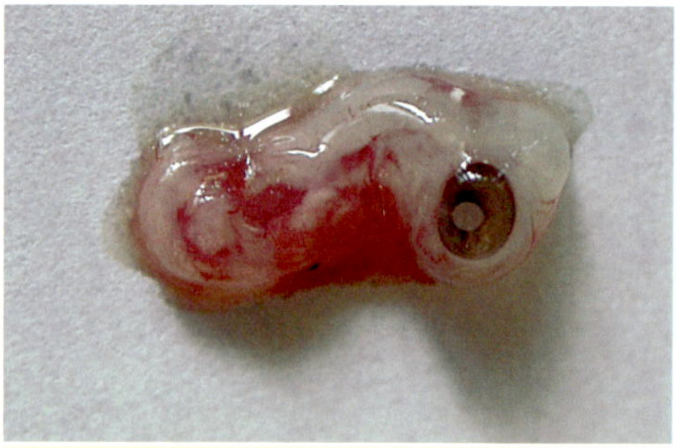

Abb. 166. Abgestorbener Embryo eines Leopardgeckos im Alter von ca. 2 Wochen. Foto: K. Grießhammer

viel umgebendem Brutsubstrat zu entfernen, um ein Übergreifen auf andere Eier zu verhindern.

Im Einzelfall kann man versuchen, den Schimmel mechanisch mit einem Schwämmchen zu entfernen und eventuell ein Antimykotium (z.B. Canesten-Salbe) anzuwenden und in einer separaten Brutdose weiter zu inkubieren. Es kann gelegentlich vorkommen, dass Inkubatoren mit Fliegen der Familie Phoridae befallen werden. Deren Maden finden dort ideale Bedingungen und ernähren sich vom Eiinhalt. Dieses führt normalerweise zum Absterben des Embryos. Sollte man diese Fliegen im Inkubator entdecken, ist es zur Rettung der Gelege oftmals schon zu spät. Man sollte versuchen, alle befallenen Eier zu entfernen und das Brutsubstrat zu wechseln. Ich (K.G.) habe gute Erfahrungen mit der Verwendung eines dichlorvoshaltigen Insektensprays (Blattanex) gemacht, mit dem ich einmalig zwei kurze Sprühstöße auf den Boden des Inkubators sprühte. Man muss jedoch bedenken, dass Dichlorvos in hohen Dosen bei Wirbeltieren als Nervengift wirkt. Bei mir hat das beschriebene Vorgehen jedoch die Ausbreitung der Fliegen gestoppt und aus den nicht befallenen Eiern schlüpften gesunde Jungtiere.

Im Ei schlupfreif abgestorbene Embryos sind meistens auf eine Unterversorgung des Muttertieres oder auf eine zu hohe Substratfeuchte zum Ende der Inkubation zurückzuführen (KÖHLER 2005). Sollte eine Brutmaschine während der Inkubation für einige Zeit ausfallen, ist dies normalerweise kein Problem. Wenn der Thermostat jedoch zu warm eingestellt ist, reicht bereits kurze Zeit, um zum Absterben des Embryos zu führen. Längerfristige Temperaturen unter 23°C und über 35°C führen zum Absterben des Embryos (VOSJOLI et. al. 2005).

Die Inkubationstemperatur beeinflusst ganz erheblich das Geschlecht, das Verhalten und die Färbung der Leopardgeckos (SHINE 1999).

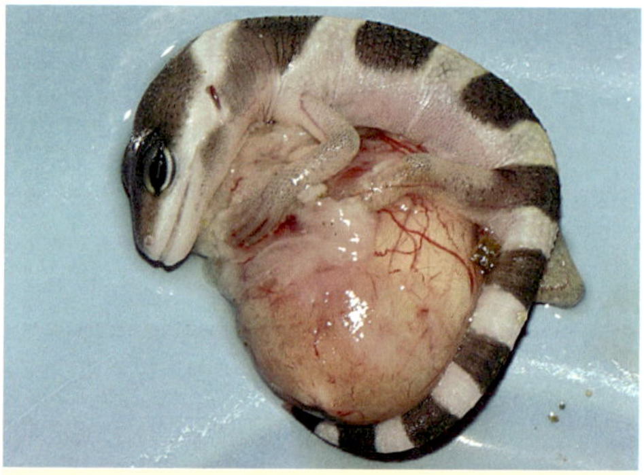

Abb. 167. Kurz vor dem Schlupf abgestorbener Fetus. Foto. S. Heuser

Der Einfluss der Inkubationstemperatur

Geschlecht: BULL (1987) konnte zeigen, dass aus Eiern, die in den ersten dreißig Tagen bei 26°C gezeitigt wurden, nur Weibchen schlüpften, während aus Eiern, die in den ersten zwanzig Tagen bei 32°C bebrütet wurden, nur Männchen zur Vorschein kamen. Bei 30,5 °C schlüpfen recht ausgeglichen je zur Hälfte Männchen und Weibchen. Dieses Phänomen wird als „Temperature Dependent Sex Determination" (TSD) bezeichnet.

Es zeigte sich, dass die Inkubationstemperatur nicht nur das Geschlecht der Leopardgeckos bestimmt, sondern auch das **Verhalten** kann sich abhängig von der Inkubationstemperatur ändern. Weibchen, die aus bei 32°C inkubierten Eiern geschlüpft sind, verhalten sich als erwachsene Tiere Männchen und anderen Weibchen gegenüber deutlich aggressiver als Weibchen, die bei niedrigeren Temperaturen bebrütet wurden; bei Hormonspiegelmessungen läßt sich bei diesen Weibchen ein erhöhter Androgenwert nachweisen (GUTZKE & CREWS 1988). Hier nimmt die Inkubationstemperatur Einfluss auf den neuroendokrinen Hormonhaushalt. Diese Geckos werden als „heiß gezeitigte" oder kurz „heiße Weibchen" bezeichnet. Auf Paarungsannäherungen von Männchen reagieren sie ähnlich wie Männchen und auch die Vergesellschaftung mit anderen Weibchen kann problematisch sein, da sie sich diesen gegenüber sehr dominant verhalten können und Paarungen mit diesen versuchen. Im Habitus ähneln sie Männchen, da sie insgesamt größer werden und breitere Köpfe entwickeln. Sie verfügen über funktionslose, aber deutlich sichtbare Präanalporen. Männchen und „heiße Weibchen", die bei 32,5°C bebrütet wurden, wachsen nach dem Schlupf schneller als Individuen, die aus Eiern schlüpfen, die bei 30°C gezeitigt wurden (TOUSIGNANT & CREWS 1994).

Normalerweise reagieren adulte Männchen mit heftigen Beschädigungskämpfen, wenn sie gemeinsam in einem Terrarium gepflegt werden. Männchen, die bei Inkubationstemperaturen schlüpften, bei denen man eigentlich Weibchen erwarten würde, können unter Umständen miteinander aufgezogen und selbst nach Erreichen der Geschlechtsreife miteinander gepflegt werden. Bei diesen endet die „Harmonie" jedoch spätestens, wenn ein Weibchen hinzu gesetzt wird (VOSJOLI et. al. 2005).

Die Inkubationstemperaturen beeinflussen auch die **Färbung** der Tiere. Das Geschlecht wird im ersten Inkubationsdrittel festgelegt – die verbleibende Zeit reicht aus, um die Färbung zu verändern. Um Weibchen mit der gewünschten Farbausprägung zu inkubieren, beginnt man in den ersten drei Wochen mit niedrigen Temperaturen (27°C). In dieser Zeit wird auch mit hoher Wahrscheinlichkeit in der Embryonalentwicklung das weibliche Geschlecht festgelegt (vgl. KÖHLER 2004, VOSJOLI 2005).

Je tiefer die Inkubationstemperatur ist, desto dunkler sind die Schlüpflinge, je wärmer die Inkubationstemperatur, desto heller werden die Geckos. Bei Temperaturen von ca. 32,2°C (90°F s. VOSJOLI 2005) sind die Ergebnisse am überraschendsten, da hier nur noch vergleichsweise wenige dunkle Farbpigmente erkennbar sind. Bei dieser Temperatur ist die Schlüpflingsquote jedoch geringer und der Effekt wird zunichte gemacht, wenn die Eier während der Inkubation auch nur für wenige Stunden kühleren Temperaturen ausgesetzt sind. In diesem Temperaturbereich werden nahezu ausschließlich Männchen schlüpfen. Die Jungtiere werden bereits in den ersten Wochen nach dem Schlupf beständig nachdunkeln, es sei denn man bietet ihnen Tag und Nacht eine warme Stelle im Terrarium an. Spätestens nach einer kühlen Überwinterung wird dann jedoch die dunklere Pigmentierung sichtbar.

Schlupf

Der Schlupf kündigt sich hin und wieder mit einem Austritt von kleinen Flüssigkeitsperlen aus dem Ei an. Dieser Vorgang wird als „Schwitzen“ bezeichnet.

Die schlupfreifen Eier können dann auch leicht einfallen, was ein ganz normaler Prozess ist. Zu diesem Zeitpunkt darf das Inkubationssubtrat nicht mehr nachgefeuchtet werden.

Geckos bilden während ihrer embryonalen Entwicklung zwei kleine Eizähne heran. Diese benötigen sie, um sich aus der zähen Eischale zu befreien. Sie sitzen am Oberkiefer und sind nach außen gerichtet. Sie sind mit bloßem Auge fast nicht zu erkennen und nach einigen Stunden verlieren die Geckos die funktionslos gewordenen Zähne wieder. Wenn das Ende der Inkubation erreicht ist, bewegen die Leopardgeckos den Kopf hin und her, bis sie schließlich eine ausreichend große Öffnung in der Schale geschaffen haben. Nachdem der Schnitt mit dem Eizahn durchgeführt wurde, streckt der Gecko seinen Kopf hindurch und verbleibt regungslos in dieser Position. Jetzt stellt sich die Atmung von der chorioallantoiden Membran auf die Lungenatmung um und der Dottersack wird in die Leibeshöhle aufgenommen. Man darf die Geckos während des gesamten Schlupfvorganges nicht stören – jegliche Versuche den Schlupf zu beschleuni-

Abb. 168-172 (links). Ablauf des Schlupfvorganges. Fotos: J. Knierer

Abb. 173. Am Oberkiefer sind zwei kleine Eizähne zu erkennen. Foto: S. Heuser

gen oder dem Gecko zu „helfen“, sollten tunlichst unterbleiben. Der tatsächliche Schlupf kann überraschend schnell vonstatten gehen oder sich über zwei bis vier Stunden, in seltenen Fällen sogar noch länger hinziehen.

Es ist überraschend, dass die geschlüpften Tiere mit 7-9 cm Gesamtlänge schon recht groß sind, wenn man sich vorstellt, wie eng es wohl zum Ende der Inkubation im Ei geworden sein muss. Im Ei selbst verbleiben Reste der Allantois und Stoffwechselprodukte, die sich im Laufe der Inkubation angesammelt haben. Kurze Zeit nach dem Schlupf häuten sich die jungen Geckos zum ersten Mal. Man sollte sie so lange in der Brutsubstratschale belassen, bis sie selbständig hochbeinig stehen und mit den Erkundungsgängen beginnen. Hin und wieder kann es vorkommen, dass sich in einem Ei zwei Embryos heranbilden. Es kann dann zu einem Zwillingsschlupf lebensfähiger Geckos kommen (Rösler 2005).

Wer Leopardgeckos nur als behäbige und menschenfreundliche Haustiere kennt, wird vom Verhalten der Schlüpflinge überrascht sein. Sie gebärden sich als kleine Raubtiere, die sich hoch aufstellen, einen „Katzenbuckel“ machen und zur Not mit erstaunlichem Mut, den Finger des Pflegers attackieren. Gerade in dieser Periode ihres Lebens

Abb. 176. Manche Züchter verwenden poröse Tonkörnchen als Inkubationssubstrat. Foto: T. Holfert

Abb. 174. (links) Eier kurz vor dem Schlupf – das Substrat darf jetzt nicht mehr nachgefeuchtet werden. Foto: S. Heuser

Abb. 175. (rechts) Beim Schlupf machen die Geckos immer mal wieder eine Pause. Foto: J. Knierer

Check-up Vermehrung

- Paarung: ca. 1 Monat nach Beendigung der Winterruhe Weibchen zu Männchen setzen
- Eiablage: am besten ständig geeignete Eiablagebehälter im Terrarium belassen
- alle 14-82 Tage legen die Weibchen 2 Eier
- Inkubationsbedingungen: ca. 26°-32 °C in mäßig feuchtem Substrat - Belüftungslöcher nicht vergessen!
- Dauer bis zum Schlupf: nach ca. 35-70 Tagen Inkubationszeit

sind die Leopardgeckos zusätzlich zu erstaunlich kräftigen Lautäußerungen im Stande. Sie geben bei Gefahr einen schrillen Schrei ab, der einen Unvorbereiteten ganz schön erschrecken kann!

Das Umsetzen kann einige Probleme bereiten, da die jungen Geckos äußerst flink sind und sehr zerbrechlich wirken. Es ist sicherlich am besten, den Gecko mitsamt dem Brutgefäß in das Aufzuchtterrarium zu stellen und ihn dann mit Hilfe eines Löffels o.ä. aus der Schale zu bugsieren. Die einzelnen Eier des Doppelgeleges werden von dem Weibchen mit nur sehr geringem zeitlichem Abstand gelegt. So schlüpfen die jungen Geckos oftmals auch zeitgleich; es kann aber genauso vorkommen, dass es einen Nachzügler gibt, der noch einige Stunden oder sogar Tage auf sich warten lässt – hiervon sollte man sich nicht beunruhigen lassen. Hin und wieder kann es vorkommen, dass einzelne Schlüpflinge ihren Dottersack nicht ganz in die Leibeshöhle aufgenommen haben. Für diese Geckos bereitet man eine kleine Schale, zum Beispiel eine „Heimchenbox“/Futtertierschale, die man im Inkubator belässt. In diese legt man ein Stück Zellstoff und befeuchtet dieses schwach mit einer Ringerlactatlösung, zur Not einfach mit Leitungswasser. In dieser Schale verbleibt der Gecko, bis der Dottersackrest innerhalb weniger Stunden bis Tage resorbiert oder abgeschnürt wurde. Würde man den Gecko gleich in ein normales Aufzuchtterrarium überführen, bestände die Gefahr, dass sich Entzündungen bilden oder durch Futtertiere bzw. das Festkleben und Losreißen an Einrichtungsgegenständen der Dottersack eröffnet wird und starke Blutungen auftreten. Die Stelle an der der Gecko mit dem Dotter verbunden war, ist übrigens an der Beschuppung des Bauches ähnlich einem Bauchnabel zeitlebens erkennbar.

Abb. 177. Gerade geschlüpftes Jungtier.
Foto: S. Heuser

Aufzucht der Jungtiere

Von Schlupf an auf sich selbst gestellt, dominieren in den ersten Monaten im Leben eines Leopardgeckos im Freiland zwei Verhaltensweisen: Fressen und das bestmögliche zu tun, nicht selbst gefressen zu werden! Sie haben nur wenige Monate Zeit sich Fettreserven für die Winterruhe zuzulegen, fallen ihrerseits aber mit ihrer geringen Größe in das Futterspektrum zahlreicher Tiere, eventuell sogar in das der eigenen Artgenossen. So sind Jungtiere auch im Terrarium sehr verfressen und anders als die adulten Tiere noch sehr schreckhaft. Die jungen Schlüpflinge müssen prinzipiell getrennt von den älteren Tieren in eigenen Behältnissen gepflegt werden. Deshalb werden die jungen Geckos, wenn der Nabel verschlossen ist, aus dem Inkubator in die Aufzuchtterrarien überführt.

Abb. 178. Aufzuchtbecken für die ersten Wochen. Foto: K. Grießhammer

Abb. 179. Frisch geschlüpfter Leopardgecko (Wildtyp). Foto: S. Heuser

Die Terrarien, in denen die Junggeckos aufgezogen werden, sollten übersichtlich sein und mindestens so groß, dass sich unterschiedliche Temperaturzonen einrichten lassen.

Man kann zwischen unterschiedlichen Behälterarten wählen. Bewährt haben sich Plastikterrarien verschiedener Hersteller, die mindestens 40x20x30 cm groß sein sollten. Sie sind sehr leicht, einfach zu desinfizieren und verhindern zuverlässig das Entkommen der kleinen Futtertiere. Als Bodengrund sollte man in den ersten Monaten zur Sicherheit Zellstoff, z.B. Küchenpapier, verwenden, um zu vermeiden, dass große Mengen Bodensubstrat aufgenommen werden. In dieser Lebensphase kommt dies bei Jungtieren relativ häufig vor und kann tödlich ausgehen. Da man eigentlich immer mehrere Aufzuchtterrarien benötigt, ist es sehr praktisch, diese nebeneinander aufzustellen und mit einer einzigen langen Leuchtstoffröhre gemein-

Abb. 180. Es ist wichtig, immer Kalzium anzubieten, damit die Jungtiere möglichst keinen Bodengrund aufnehmen. Foto: D. Bohle

sam zu beleuchten. Es hat sich bewährt, maximal ein Drittel der Bodenfläche mit einem unter dem Terrarium befindlichen Heizkabel oder einer Heizmatte zu beheizen. So können die jungen Leopardgeckos zwischen unterschiedlichen Temperaturwerten wählen. Alternativ kann die Beleuchtung und Beheizung auch mit einem kleinen Spotstrahler erfolgen. Man stellt im Terrarium einige kleine Höhlen auf und beachtet, dass sich einige im warmen Bereich und andere im kühlen Bereich befinden.

Auch im Aufzuchtterrarium sollten feuchte Höhlen nicht fehlen, zumal sich die Jungtiere wegen ihres schnellen Wachstums sehr häufig häuten.

Wem diese Haltung zu steril erscheint, kann die Jungtiere auch in naturalistischen Terrarien pflegen, die wie Miniaturausgaben der Terrarien der adulten Tiere aussehen sollten. Es ist hier allerdings besonders darauf zu achten, dass die jungen Geckos genügend Mineralien – besonders Kalzium –

Abb. 181. Wenige Wochen altes Jungtier beim Erkunden der Umgebung. Foto: D. Bohle

erhalten, damit sie möglichst nicht zuviel Bodengrund aufzunehmen.

Die **Ernährung** ist wie bei den erwachsenen Tieren sehr unproblematisch, da auch die Jungtiere alle üblichen Futterinsekten gerne annehmen, wenn sie die entsprechende Größe haben. Man bietet ihnen täglich während ihrer Aktivitätszeit so viele Futtertiere an, wie in kurzer Zeit gefressen werden. Es sollten nie zu viele Insekten auf einmal in das Terrarium gebracht werden, da dies bei den Jungtieren zu Panikreaktionen führen kann. Ein bis zwei Fastentage pro Woche stellen überhaupt kein Problem dar.

Abb. 182. Der Pfleger sollte darauf achten, dass keine Streitereien entstehen und muss die Jungtiere gegebenenfalls trennen. Foto: S. Heuser

Bei längeren Futterpausen steigt die Gefahr, dass sich größere Geckos an den Schwänzen ihrer kleineren Geschwister vergreifen.

Deshalb, und um für ein rasches Wachstum zu sorgen, bieten viele professionelle Züchter ihren Tieren stets eine mit frischen Mehlwürmern gefüllte Futterschale an. Da diese Käferlarven ernährungsphysiologisch nicht optimal sind, sollte man jedoch für Abwechslung sorgen. Besonders kleine Heimchen oder Grillen, aber auch Heuschrecken, Zophobas, Wachsmottenmaden, Schaben, Wiesenplankton und viele andere Futtersorten in entsprechender Größe sind für die Fütterung geeignet. Die Insekten dürfen jedoch nicht zu groß sein. Eine Orientierungshilfe bietet hierin die Regel, dass sie kleiner sein sollen als die Kopfbreite der Geckos. Zumindest zweimal pro Woche stäubt man die Futtertiere mit einem Vitamin-Mineralstoff-Präparat wie Korvimin

Abb. 183. Futtertiere nie im Terrarium belassen, wenn sie nicht gleich gefressen werden. Foto: S. Heuser

Abb. 184. Etwa 3 Wochen altes Jungtier. Foto: G. Köhler

ZVT ein. Eine flache Wasserschale, die auch von Schlüpflingen gut erreicht werden kann, wird täglich mit frischem Wasser gefüllt. Neben dem Einstäuben der Futtertiere hat es sich bewährt, zur zusätzlichen Kalziumversorgung eine kleine Schale mit fein zerbröselter Sepiaschale oder Kalziumcitrat aufzustellen. Hieraus bedienen sich die jungen Leopardgeckos nach Bedarf.

Es ist wichtig, dass die Jungtiere regelmäßig nach Größen getrennt werden, da die kleineren ansonsten erfahrungsgemäß weiter im Wachstum zurückbleiben und im ungünstigsten Fall von ihren Geschwistern gefressen werden.

Prinzipiell haben die jungen Leopardgeckos die gleichen Temperaturansprüche wie die adulten Tiere (ANGILETTA et al. 1999). Aufgrund ihrer geringen Größe haben sie jedoch ein anderes Körperoberflächenverhältnis als adulte Geckos und neigen somit eher zu Überhitzung. Hinzu kommt, dass Jungtiere

Abb. 185. (oben) Jungtier mit wenig schwarzer Färbung. Foto: D. Bohle

Abb. 186. (links) Die Jungtiere haben die gleichen Klimaansprüche wie die erwachsenen Tiere. Foto: S. Heuser

Abb. 187. Kopfportrait eines wenige Wochen alten Jungtieres. Foto: S. Heuser

in kleineren Terrarien gehalten werden, die sich schneller aufheizen. Während die Jungtiere bei zu hohen Temperaturen rasch sterben können, sind auch zu niedrige Temperaturen schädlich, da bei diesen der Stoffwechsel nicht richtig funktioniert.

Es ist also sehr wichtig, genau die Temperaturen zu überprüfen. Die Lufttemperatur sollte tagsüber zwischen 25-30°C liegen sowie an einer Stelle bei ca. 35-40°C. Durch die Abschaltung der Lampen lässt man die Temperaturen nachts auf Zimmertemperatur fallen.

Ein amerikanisches Forscherteam beschäftigte sich mit dem Wachstum von Jungtieren bei unterschiedlichen Haltungstemperaturen. Eine Gruppe wurde von Schlupf an bei konstant 25° C gehalten und sie nahmen dabei täglich 0,11 g an Gewicht zu. Die zweite Gruppe erhielt für 13,5 Stunden am Tag 30°C. Diese Gruppe nahm täglich 0,16 g zu, also das anderthalbfache (AUTUMN & DENARDO 1995). Einzelne Züchter machen sich diesen Effekt zu Nutze und gehen noch einen Schritt weiter, indem sie die kleinen Geckos sowohl tagsüber wie nachts bei gleich bleibend hohen Temperaturen halten, um ein schnelles Wachstum zu provozieren. Dies ist weder natürlich noch empfehlenswert, da es bei schnellem Wachstum eher zu ernährungsbedingten Mangelkrankheiten kommen kann.

Check-up Aufzucht

- ✓ Jungtiere von den erwachsenen Tieren getrennt aufziehen
- ✓ Gruppenhaltung ist möglich
- ✓ Temperatur, Beleuchtungszeit, Feuchtigkeit: wie bei den erwachsenen Tiere (s. Seite 54)
- ✓ Tägliche Fütterung (Mineralstoffe!)

Einrichtung des Terrariums:

- ✓ Bodengrund: in den ersten Wochen: Küchenpapier
- ✓ feuchte Höhlen
- ✓ trockene Unterschlüpfe
- ✓ mehrere Sichtschutzbarrieren
- ✓ Wasserschale
- ✓ Schale mit kleinen Kalziumbröckchen
- ✓ Schale mit frischen Mehlwürmern

Überwinterung

Generell kann man die Jungtiere bereits im ersten Lebensjahr wie die Elterntiere überwintern lassen. Die meisten Züchter lassen dieses jedoch aus – hieraus entsteht den Geckos aber aus unserer Erfahrung auch kein Nachteil.

Zuchtformen und Farbvarianten

Leopardgeckos werden bereits seit Mitte des letzten Jahrhunderts in größeren Stückzahlen von privaten Haltern gepflegt (vgl. RÖSLER 1995). Einen regelrechten "Leopardgecko-Boom" kann man seit Anfang der 1990er Jahre beobachten. Dieses steht sicherlich in direktem Zusammenhang mit den damals erstmalig angebotenen Farbformen.

Abb. 188. Albino-Schlüpfling. Foto: S. Brech

Durch selektive Zucht und das Auftreten verschiedener Mutanten gibt es mittlerweile eine kaum mehr überschaubare Anzahl verschiedener Farb- und Zeichnungsvarianten. Auch bei den Farbformen ist zu beachten, dass sich – ebenso wie bei den normal gezeichneten Leopardgeckos – die Jungtierzeichnung von der Zeichnung der adulten Tiere zum Teil stark unterscheidet.

Im Jahre 2001 schlüpfte bei dem US-amerikanischen Züchter Ron Tremper ein besonders großes albinotisches Jungtier. Dieses Tier zeigte während der weiteren Aufzucht ein starkes Wachstum. Mittlerweile wiegt dieses Tier über 150 Gramm und ist fast 30 cm lang. Es zeigte sich, dass es sich bei dieser Veranlagung zum Größenwachstum um einen co-dominanten Erbgang handelt. LOVE (2003) bringt in einem Artikel eine neue Dimension in die Möglichkeit der Zuchtformen. Er bemerkt, dass bei Reptilien bislang lediglich Farb- und Zeichnungsvarianten gezüchtet wurden, jedoch noch keine Charaktereigenschaften wie "Zahmheit".

Die Farbzucht bei Reptilien ist unter den verschiedenen Haltern stark umstritten. Die Terraristik beschäftigt sich mit der Haltung und Zucht von Wildtieren und bis heute sind noch längst nicht für alle Arten befriedigende Haltungskonzepte entwickelt worden.

Leopardgeckos werden jedoch seit einigen Jahrzehnten erfolgreich in Menschenobhut vermehrt. Während Schlangen, allen voran die Kornnatter (*Pantherophis guttatus*), schon länger in vielerlei Farbschlägen gezüchtet werden, ist dies bei Echsen relativ neu. Die verschiedenen Farbformen sind sicherlich Geschmackssache, es bleibt jedoch auch die Frage, in wie weit die Zuchtformen den Tieren schaden. Es gibt bereits Farbformen von diversen tagaktiven Tieren wie verschiedenen Land- und Wasserschildkröten, Agamen, Waranen und Leguanen. Bei diesen lässt sich zum Teil ein verändertes Verhalten beobachten. Diese Tiere sind meist heliophil, also sonnenliebend, und so können gerade bei albinotischen Formen Probleme mit der damit verbundenen Lebensweise haben, da sie aufgrund des pigmentlosen Augenhintergrundes besonders empfindlich gegenüber natürlichem und künstlichem Licht sind. Hinzu kommt, dass die Färbung der Haut zum Teil der Arterkennung dient und sowohl für die Thermoregulation als auch zur innerartliche Kommunikation genutzt werden kann, eventuell steigt auch die Krebsneigung.

Da Leopardgeckos nachtaktiv sind, entfallen diese Punkte weitgehend. Zahlreiche Zuchtformen sind durch Defekte in der Erbinformation, innerhalb der DNA, entstanden. Gene sind oftmals nicht nur für eine Ausprägung verantwortlich und so ist bei jedem Gendefekt zu befürchten, dass neben Veränderungen in Farbe oder Form auch andere Merkmale oder Leistungen betroffen sind. Hinzu kommt, dass die Farbformen nahezu ausschließlich durch Inzucht etabliert wurden. Durch Inzucht steigt die Wahrscheinlichkeit, dass Tiere mit weiteren Gendeffekten miteinander verpaart werden. Insgesamt erscheinen Geckos jedoch deutlich weniger empfindlich für Inzucht als andere Wirbeltiere. So züchtete SCHRÖDER (1999) mit *Paroedura pictus* bis in die 30. Generation, ohne dabei äußerliche Veränderungen bei

Abb. 189 (oben). "Snake eye". Diese Augenpigmentierung (geteilt) findet sich z.B. in R.A.P.T.O.R oder einigen "Albino Blizzard" Formen wieder.

Abb. 190 (unten). Nahansicht eines Auges von R.A.P.T.O.R. Die Genetik der Augenfarbe ist derzeit noch nicht vollständig geklärt. Fotos: R. Tremper

Abb. 191. Adulter "Tangerine Super Giant Albino" mit einem Gewicht von 142gr.! Foto: R. Tremper

den Tieren festzustellen. TREMPER (in VOSJOLI et al. 2005) züchtete mit Leopardgeckos bis in die 20. Generation. Dann fielen ihm Anzeichen, wie eine Verkürzung des Schwanzes, geringere Fruchtbarkeit und eine stärkere Krankheitsanfälligkeit in Stresssituationen auf. Er fügte seinem Zuchtbestand eine neue Blutlinie zu und beendete so die beschriebenen Probleme. Seine Leopardgeckos befinden sich im Jahre 2005 in der 27. Nachzuchtgeneration (VOSJOLI et al. 2005).

Abb. 193. "Super Hypo Tangerine carrottail"/"Baldy". Foto: A&M Gecko

Ein Vorteil von Farbformen ist, dass sie nicht mit Wildfängen zu verwechseln sind und gerade durch die optische und damit verbunden wirtschaftliche Attraktivität dieser Formen die Zucht intensiviert wurde – somit wurde der Import von Wildfängen weitgehend überflüssig. Die Entscheidung, ob man Farbformen hält oder auch züchtet, muss jeder selbst treffen; es ist jedoch offensichtlich, dass sich die Farb- und neuerdings auch Formzucht in der

Abb. 192. Männlicher "Hypomelanistic Tangerine". Foto: J. Knierer

Abb. 194. Nahaufnahme der neuen Farbform "Eclipse" mit vollständig schwarzem Auge. Foto: R. Tremper

Terraristik etabliert hat. Deswegen ist es unausweichlich, sich intensiver mit dieser Materie auseinander zu setzen. Im Folgenden werden die Grundlagen der Zucht und ein Überblick über die relevanten Formen vermittelt.

Übrigens: Wir finden es immer wieder interessant zu beobachten, dass Besucher, denen die von uns gehaltenen Farbformen gezeigt werden, zum Abschluss fast immer auf die normal gefärbten Geckos zeigen und meinen: „Die, die wie Leoparden aussehen, gefallen mir am besten."

Abb. 195 (v.l.n.r.) Jungtiere der Formen: Aberrant, Wildtyp, Hypomelanistic Tangerine. Foto: J. Knierer

Abb. 196. Jungtier (ca. 2-3 Monate) der Farbform "Blizzard". Das durchschimmernde Blut ergibt diesen rosafarbigen Ton. Foto: G. Köhler

Kurze Einführung in die Vererbungslehre

Um das Entstehen bestimmter Zuchtformen besser verstehen zu können, lohnt es, sich ein wenig mit der Vererbungslehre zu beschäftigen. Die Erbsubstanz aller Lebewesen ist DNA (Desoxyribonukleinsäure, engl. Desoxyribonucleic Acid); die Erbinformation wird kodiert durch eine festgelegte Aneinanderreihung von vier basischen Molekülen (Adenin, Cytosin, Guanin, Thymin) in der DNA, die wiederum in eine entsprechende Reihenfolge verschiedener Aminosäuren übersetzt wird. Diese werden zu Proteinen zusammengebaut, die dann den Aufbau und den Stoffwechsel des Organismus bewerkstelligen und so für die sichtbaren Merkmale verantwortlich sind. Den DNA-Abschnitt, der den Code (also die Basenreihenfolge) für ein bestimmtes Protein enthält, nennt man dessen Gen. Die Gesamtheit aller Gene eines Organismus ist dessen Genom.

Gene können sich (z.B. durch Mutationen) verändern, und damit auch die Proteine, in die sie übersetzt werden. Da dies auch regelmäßig passiert, existieren von allen Genen und deren Proteinen verschiedene Versionen. Ein bestimmtes Merkmal (z.B. die Färbung) kann dadurch in verschiedenen Ausprägungen auftreten, die man verschiedene Allele (Variationen) eines Gens nennt. In jeder Zelle, außer den Geschlechtszellen, sind zwei vollständige Gensätze enthalten, einer vom Vater und einer von der Mutter, und damit

Abb. 197. "Patternless" - Leopardgecko (adult). Die Färbung ist nicht nur von den Genen, sondern auch von der Temperatur abhängig. Foto: Bohle

besitzt jede Zelle auch zwei Allele von jedem Gen. Hat ein Tier von einem Gen zwei gleiche Allele, so wird es in Bezug auf dieses Gen bzw. auf dieses Merkmal als homozygot (reinerbig) bezeichnet; enthält es verschiedene Allele eines Gens, ist es heterozygot (mischerbig).

Bei der Vererbung geben sowohl Mutter als auch Vater nur eines ihrer beiden Allele an die nächste Generation weiter; welches von beiden, ist dem Zufall überlassen. Jedes der beiden Allele wird also mit der gleichen Wahrscheinlichkeit (50%) weitergegeben. Es gibt zwei Möglichkeiten, wie sich zwei verschiedene Allele eines Gens in einem heterozygoten Individuum ausprägen. Die erste ist, dass ein Allel voll ausgeprägt wird (dominantes Allel) und das andere gar nicht (rezessives Allel). Ein solcher Erbgang heißt daher dominant-rezessiv. Ein Beispiel dafür ist Albinismus.

Kreuzt man ein homozygot albinotisches mit einem homozygot ‚normalen' oder ‚Wildtyp'-Individuum, so zeigen alle Nachkommen die Wildtyp-Ausprägung. Albinismus wird also rezessiv vererbt. Nicht selten stellt die rezessive Form eine Funktionsstörung dar, z.B. bei Erbkrankheiten, und wird, wenn beide Allele vorhanden sind, vom ‚gesunden' Allel überdeckt und daher dominiert. Die zweite Möglichkeit ist, dass beide Allele sich auf das Merkmal auswirken und die Nachkommen eine Mischung aus den Merkmalen der Eltern aufweisen; ein solcher Erbgang heißt intermediär. Da ein Individuum ein Allel tragen kann, welches sich nicht auf das sichtbare Merkmal auswirkt, muss man bei Kreuzungen zwischen der genetischen Ausstattung mit den beiden Allelen, dem so genannten Genotyp, und dem tatsächlichen Erscheinungsbild, dem Phänotyp, unterscheiden.

Zwei Individuen mit dem gleichen Phänotyp können also verschiedene Genotypen zugrunde liegen. Bezeichnet man im Albinismusbeispiel das Wildtyp-Allel mit „A" und das Albinismus-Allel mit „a", so kann ein phänotypisch normales Individuum genotypisch homozygot (AA) oder heterozygot (Aa) für das Merkmal sein. Ein Individuum mit rezessivem Phänotyp (aa) ist daher immer homozygot. Diese allgemeinen Prinzipien, nach denen verschiedene Merkmale von Vater und Mutter weitergegeben werden, hat im 19. Jahrhundert der Augustinermönch Gregor

Abb. 198. "High Yellow" ist eine sehr beliebte Farbform. Foto: R. Hine

Übersicht Fachwörter:

Allel: Allele sind die möglichen Ausprägungen eines Gens. Sie fungieren als Schalter, die den Pänotyp mitbestimmen.

dominantes Allel: das Allel ist voll ausgeprägt

rezessives Allel: das Allel ist nicht ausgeprägt

homozygot: reinerbig, hier liegen beide Allele in gleicher Ausprägung vor

heterozygot: mischerbig ist ein Merkmal dann, wenn ein Gen in unterschiedlichen Allelen vorliegt. Das dominante Allel bestimmt die Ausprägung im Phänotyp.

Genotyp: Der Genotyp stellt das Erbbild und damit die genetische Ausstattung eines Individuums dar. Er ist maßgeblich für den Phänotyp verantwortlich.

Phänotyp: Der Phänotyp ist das Erscheinungsbild eines Individuums, z.B. dessen Färbung und Größe und ist sowohl vom Genotyp als auch von äußeren Einflüssen abhängig.

Abb. 199. Dieses Tier zeigt Ansätze einer "Striped" Form. Foto: D. Bohle

Mendel in zahllosen Kreuzungsexperimenten mit Gartenerbsen entdeckt. Man spricht daher von den Mendelschen Regeln. Mit deren Hilfe kann man die Wahrscheinlichkeiten ermitteln, mit denen die Nachkommen zweier Individuen die Merkmale der Eltern ausprägen, wenn der Genotyp bekannt ist. Mendel entdeckte auch, dass Merkmale unabhängig voneinander vererbt werden.

In der Natur sind die Verhältnisse allerdings oft dadurch komplizierter, dass ein Gen bei einer Art oft in mehr als nur zwei Allelen auftritt und dass ein bestimmtes Merkmal meist durch das Zusammenspiel mehrerer Gene ausgeprägt wird. Dennoch sind die Mendelschen Regeln nützliche Hilfsmittel bei etlichen Merkmalen.

Im Folgenden werden die zum Zeitpunkt dieser Veröffentlichung etabliertesten und handelsrelevantesten Zuchtformen beschrieben – diese müssen sich nicht mit den biologischen Definitionen der Mutationen decken! Die Bezeichnung der einzelnen Farbformen sowie der Zuchtideale gestaltet sich schwierig, da es im Gegensatz zu der Zucht bei manchen Fisch-, Vogel- und Säugetierarten keinerlei internationalen Standards gibt. So kommt es, dass für gleiche oder ähnliche Formen ganz unterschiedliche Namen von Züchtern oder Händlern benutzt werden. Im Folgenden werden die gebräuchlichsten Namen verwendet. Bei einigen Farbformen bzw. deren Unterscheidung haben wir die Angebote diverser Züchter verglichen um beispielsweise „hypomelanistische" von „superhypomelanistischen" Formen zu unterscheiden. Diese Differenzierungen sind jedoch recht willkürlich und zum Teil fraglich.

Weiter ist zu beachten, dass die teils spektakulären Färbungen oftmals nicht nur durch die genetische Disposition festgelegt sind, sondern auch durch die Inkubationstemperatur, hormonelle Faktoren, Haltungstemperatur und das Futter beeinflusst werden können. Die Jungtierzeichnung unterscheidet sich bei fast allen Zuchtformen erheblich von der Färbung der ausgewachsenen Tiere.

Viele Halter benutzen für „wildfarbene" Leopardgeckos die irreführenden Bezeichnungen „normal" oder „nominat". Wir bezeichnen diese im Folgenden als „Wildtyp".

Dominant-rezessive Erbgänge

Beim Albinismus wird die Melaninsynthese durch eine Funktionsstörung oder das Fehlen eines Enzyms entweder nur in der Haut oder aber in der Haut und der Iris blockiert. Im Gegensatz dazu sind bei leuzistischen Formen keine melaninbildenden Zellen in der Haut vorhanden.

Die Färbung der Albinos zeigt eine recht große Variabilität. Diese ist abhängig von verschiedenen Albino-Zuchtlinien, aber auch von der Inkubationstemperatur sowie der eventuellen Verpaarung von Elterntieren unterschiedlicher Farbformen, beispielsweise Kreuzungen von Albinos mit „hypotangerine“ Geckos, die ihrerseits heterozygot für Albinismus sind. Man muss beachten, dass unterschiedliche Albino-Zuchtlinien miteinander nicht kombinierbar sein müssen, da der Gendeffekt an unterschiedliche Allele gebunden sein kann.

Die angegebene Vererbungslehre gilt für alle dominant-rezessiven Erbgänge bei Albinos, “Patternless” (“zeichnungslos”, ehemals leuzistisch) sowie „Blizzards“. Auch auf nicht albinotische Formen lassen sich die folgenden Gleichungen anwenden, z.B. bei Tieren mit jungle-Zeichnung oder gestreiften Tieren. Der Wildtyp (oftmals als “normal” beschrieben) ist hier immer dominant. Dominanz wird im folgenden Erklärungsmodell durch Großbuchstaben beschrieben.

Abb. 200. Tiere der Albino-Tangerine Form haben keine schwarze Zeichnung. Foto: D. Bohle

Es existieren Mischformen aus Albinos sowie Tieren der Farbform Albino und „Patternless“ („Patternless Albino“) sowie „Blizzard“ („Blazing Blizzard“). Diese haben eine recht komplexe Vererbungslinie: Während man bei der Erklärung der einfach rezessiven Erbgänge mit zwei Buchstaben auskommt, müssen bei den doppelt rezessiven Erbgängen vier Buchstaben verwendet werden. Als Beispiel wird auf Seite 111 der Weg von Albino x Patternless zu Patternless Albinos erklärt. Rein rechnerisch gilt dies auch für die Farbform „Blazing Blizzard“. Tatsächlich verhält es sich aber etwas anders, da bei dieser Kombination deutlich seltener Jungtiere schlüpfen, die beide Merkmale phänotypisch tragen. Es handelt sich hierbei um rein statistische Werte, die erheblich in der Praxis variieren können. Einigen Züchtern ist beispielsweise aufgefallen, dass sich die albinotischen „Temperformen“ schlechter mit „Patternless“ kombinieren lassen als die „Rainwater-Linie“.

Dominant-rezessiver Erbgang am Beispiel Albino:

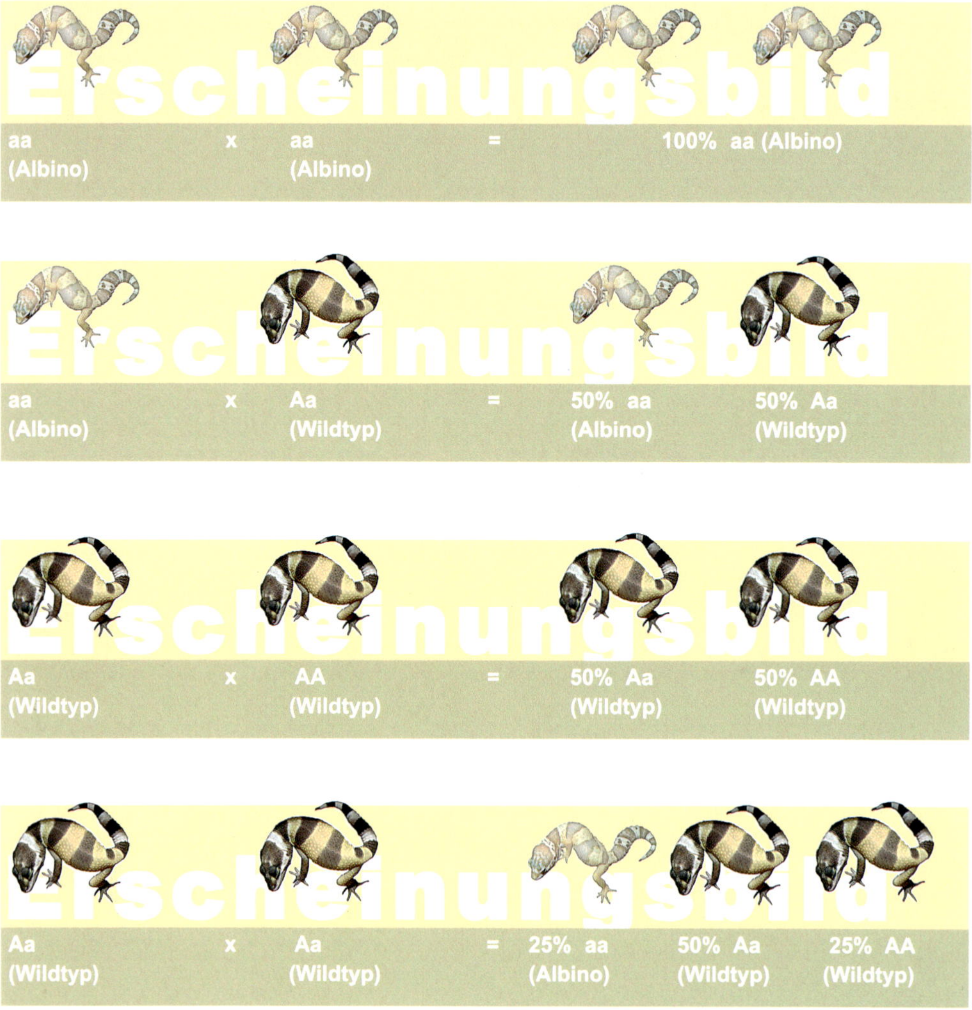

Fotos: S. Heuser / G. Köhler

Erklärungen:
AA bzw. aa = homozygot (reinerbig)
Aa = heterozygot (mischerbig)
Dominant: Großbuchstaben (z.B. A)
rezessiv: Kleinbuchstaben (z.B. a)
Der Wildtyp ist hier immer dominant.

Beim letztgenannten Beispiel sind 75% der Tiere phänotypisch (nach dem Erscheinungsbild) Wildtyp, 50% davon tragen jedoch die Kombination für Albinismus in ihren Allelen. Rein rechnerisch tragen also 66% aller normal gefärbten Tiere diese Kombination – äußerlich zu unterscheiden sind sie jedoch nicht.

Dominant-rezessiver Erbgang am Beispiel Patternless und Albino:

Elterntiere (Phänotyp Wildtyp) Männchen ▶ Weibchen ▼	PA	pA	Pa	pa
PA	PPAA	PpAA	PPAa	PpAa
pA	pPAA	Patternless ppAA	pPAa	Patternless ppAa
Pa	PPaA	PpaA	Albino PPaa	Albino Ppaa
pa	pPaA	Patternless ppaA	Albino pPaa	Patternless Albino ppaa

Fotos: S. Heuser / G. Köhler / R. Hine

In diesem Beispiel werden 2 Leopardgeckos verpaart, welche bereits heterozygot die Gene für Patternless und Albino in sich tragen. Der Phänotyp Patternless Albino kommt nur zur Ausprägung, wenn sich bei dem Nachkommen die Kombination ppaa ergibt.

Erscheinungsbild der möglichen Nachkommen:

9 Tiere = Wildtyp
3 Tiere = Patternless
3 Tiere = Albino
1 Tier = Patternless Albino

Abb. 201. Albino-Jungtier. Foto: G. Köhler

Abb. 202. Subadulter Albino-Leopardgecko. Foto: S. Brech

Abb. 203. Subadulter "Albino-Tangerine"-Leopardgecko. Foto: D. Bohle

Albino

Es wurden bis jetzt drei amelanistische Albino-Formen beschrieben, die unabhängig voneinander entstanden sind und – da sie ihren Ursprung in unterschiedlichen Genveränderungen haben – nicht untereinander kombinierbar sind. Es handelt sich beim Amelanismus um das Fehlen des für die Schwarzfärbung verantwortlichen Pigmentes Melanin. Die Unterscheidung der einzelnen Formen ist nur schwer möglich. Beim Schlupf sind sie aufgrund der durchschimmernden Blutgefäße überwiegend pink gefärbt. Allen dreien ist gemeinsam, dass die Jungtiere in den ersten Lebensmonaten sehr sensibel auf Licht reagieren. Man sollte sie deshalb anfangs dunkler halten als andere Leopardgeckos, beispielsweise ohne HQI/HQL-Lampen und nur mit wenigen Leuchtstoffröhren. Durch die Kombination mit anderen Zuchtformen und spezielle Inkubationsmethoden entstanden zum Teil weitere spektakuläre Färbungen und Zeichnungen. Die Rotfärbung der Augen variiert stark und nimmt normalerweise mit dem Alter ab.

„Tremper-Linie"

Die ersten albinotischen Leopardgeckos schlüpften 1996 bei Ron Tremper in den USA und wurden 1999 erstmals angeboten. Dieser Form fehlen sämtliche schwarzen Pigmente. Interessanterweise stammte dieses Jungtier von zwei heterozygoten Wildfangtieren ab (Vosjoli et. al. 2004). Als Jungtiere sehen sie überwiegend pink aus und mit Beginn der Umfärbung ändern sie abhängig von verschiedenen Faktoren ihre Farbe zu gelb oder braun. Dunklere, bräunliche Tiere werden auch als "chocolate albino" angeboten. Bei geöffneter

Abb. 204. Erwachsener "Albino"-Leopardgecko. Foto: D. Bohle

Abb. 205. "Rainwater Hypo Albino". Foto: P. Weaver

Abb. 206. "Rainwater Albino"-Jungtier. Foto: P. Weaver

Abb. 207. "Rainwater Patternless Albino". Foto: P. Weaver

Pupille kann man sehen, dass der Augenhintergrund heller als bei der Wildtypform ist, oftmals orange bis rot.

„Rainwater-Linie" (auch: „Las Vegas")

Bei Tim Rainwater schlüpften im April 1998 ebenfalls Albinos. Die Elterntiere waren die F_1 Nachzucht von Wildfängen. Sie sind ähnlich wie die Tremper-Albinos gezeichnet, jedoch in der Färbung meist heller; der Augenhintergrund ist eher orangefarben als rot (Rainwater 1998).

„Bell-Linie"

Diese Albinos tauchten erstmals bei Mark and Kim Bell auf. Sie haben die stärkste Rotfärbung der Augen, die im Gegensatz zu den meisten Exemplaren der anderen Albino-Linien auch mit zunehmendem Alter noch deutlich zu sehen ist.

Abb. 208. “Patternless”-Jungtiere. Foto: G. Köhler

Abb. 209. “Patternless”-Adult. Foto: D. Bohle

„Patternless“

Der erste Leopardgecko dieser Variante schlüpfte 1991 (Vosjoli et. al. 2004). Nach dem Schlupf haben Jungtiere dieser Farbform eine dunkle Fleckenzeichnung auf gelbem bis braunem Grund. Der Kopf ist dunkel gefärbt, die Augen sind wie beim Wildtyp. Mit Beginn der Umfärbung werden die Tiere weiß, gelb, ocker oder braun, und die dunklen Flecken sind kaum oder gar nicht mehr zu erkennen. Die Färbung der adulten Tiere ist sowohl abhängig von den Genen der Elterntiere, aber auch von der Inkubationstemperatur und der Haltungstemperatur. Oftmals ist bei adulten Tieren der Schwanz teilweise orange gefärbt. Anfangs wurden diese Tiere fälschlicherweise als „leuzistisch“ bezeichnet. Es werden mittlerweile anscheinend unterschiedliche Zuchtlinien verwendet.

„Patternless Albino“

Bei dieser Farbform handelt es sich um eine Kombination aus zeichnungslosen („patternless“) und albinotischen Tieren. Sie sind gelblich gefärbt, haben keinerlei Zeichnung und verfügen über rote Augen. Man muss zunächst doppelt heterozygote Pärchen kreuzen, um hieraus diese Farbform zu züchten.

Abb. 210. “Patternless”-Albino. Foto: R. Hine

Abb. 211. "Blizzard". Foto: G. Köhler

„Blizzard"

Als Schlüpflinge sind sie rein weiß und haben keine erkennbare Zeichnung. Mit zunehmendem Alter variiert die Färbung zwischen einem strahlenden Weiß und verschiedenen Grautönen. Mit dem Auftauchen der „Blizzards" wurden die damals noch als leuzistisch bezeichneten Tiere in „Patternless" umbenannt.

Abb. 212. "Blazing Blizzard". Foto: R. Tremper

Abb. 213. "Blizzard"-Schlüpflinge.
Foto: prehistoricpets

„Blazing Blizzard"

Hierbei handelt es sich um Tiere mit der Blizzard-Färbung und den roten Augen der albinotischen Geckos.

Abb. 214. "Blazing Blizzard".
Foto: prehistoricpets

Abb. 215. "Jungle-Carrottail". Foto: P. Weaver

Weitere Zuchtformen mit dominant-rezessivem Erbgang:

„Jungle"

Bei Tieren der Zeichnungsvariante "jungle" ist die Bänderung weitgehend aufgelöst und die einzelnen Punkte verbinden sich zu Strukturen, die bei einzelnen Tieren wie ein militärisches Tarnmuster wirken können. Hieraus leitet sich vermutlich der Name ab.

„Striped"

Die „striped" Form hat sich aus „jungle" entwickelt. Sie verfügt statt einer Querbänderung über Streifen, die entlang des Körpers verlaufen. Auch bei diesen Geckos ist der Schwanz nicht gebändert. Es gibt Bemühungen, Tiere mit möglichst roter Streifenzeichnung herauszuzüchten.

Abb. 216. "Red Striped Tangerine Carrottail". Foto: A&M Gecko

Abb. 217. Adulter "Reverse Striped Tangerine Albino". Foto: R. Tremper

Codominante Erbgänge

Bei codominanten Erbgängen wird bereits im heterozygoten Zustand das Zuchtideal zum Teil phänotypisch (im Erscheinungsbild) umgesetzt; es ergibt sich also ein intermediärer Phänotyp. Trägt das Tier jedoch zwei Kopien des Gens kommt das Merkmal zur vollen Ausprägung und die Vorsilbe "Super" wird vorangestellt. Ein "Super Giant" ist demnach ein extrem großes Tier.

Zur Zeit gehören nur die Formen „Mack Snow“ und „Giant“ erwiesenermaßen zu diesem Vererbungstyp. Die statistischen Wahrscheinlichkeiten können den Beispiel-Gleichungen entnommen werden.

"Moose"

Es handelt sich bei dieser Form um den berühmten "Super Giant Albino", der von Ron Tremper gezüchtet wurde. Dieses Tier ist der schwerste und größte jemals gezüchtete Leopardgecko. Er wiegt 156 gr. bei einer Größe von 28,26 cm.

Dieser "Riesengecko" entstand folgendermaßen: Ursprünglich schlüpfte aus einem Gelege, welches von wildfarbenen Elterntieren stammte ein sehr großes Jungtier (spontane Mutation). Dieses Tier wurde mit einem weiblichen Albino verpaart. Es schlüpfte ein Albino, der wiederum mit dem großen männlichen Ausgangstier verpaart wurde. Bei den daraus resultierenden Jungtieren war "Moose".

(Foto: R. Tremper; Vosjoli, P. de 2005).

Nachfolgend ist die Form "Giant" gleichzeitig heterozygot für das Merkmal "Albino".

Giant	x	Wildform (genotypisch + phänotypisch)	= 50% Giant	50% Wildform (phänotypisch)

Giant	x	Giant	= 25% Super Giant	50% Giant	25% Wildform

Super Giant	x	Super Giant	=	100% Super Giant

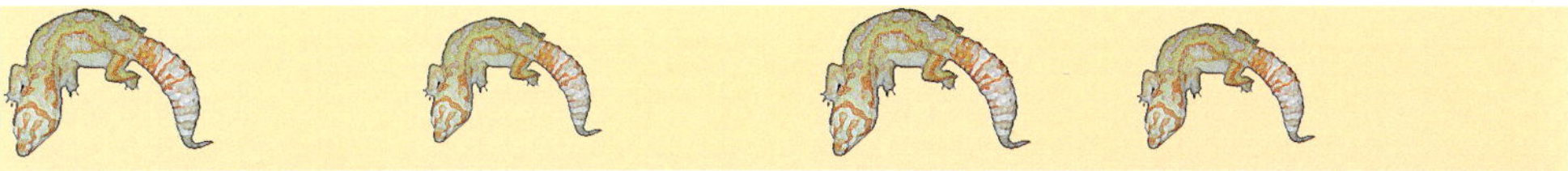

Super Giant	x	Giant	=	50% Super Giant	50% Giant

Fotos: A&M Gecko / S. Heuser

Abb. 218. Erwachsener “Snow”. Foto: A&M Gecko

„Snow“

Bis zum Jahre 2004 versuchten verschiedene Züchter, durch selektive Zucht in intermediären Erbgängen hypoxanthische Tiere, also Individuen mit möglichst wenig Gelb, zu züchten. Dem Zuchtideal entsprechend, sollten sie kein Gelb mehr besitzen, also lediglich schwarz und weiß sein. Die diesbezüglichen Ergebnisse waren nicht mit dem gewünschten Erfolg gekrönt und diese Farbform ließ sich in den Zuchten nicht etablieren. Im Jahr 2004 tauchten erstmalig bei dem Züchter MACK anerythristische Geckos auf, die keine gelben Pigmente zeigten, also lediglich schwarz-weiß gefärbt waren. So genannte „Super Snows“ (bei Snow x Snow in einer Wahrscheinlichkeit von 25%) besitzen zusätzlich komplett schwarz gefärbte Augen.

Abb. 219. “Snow”–Jungtier. Foto: S. Brech

„Giant“

1999 erblickte bei Ron Tremper ein Schlüpfling das Licht der Welt, der deutlich schneller als andere zum gleichen Zeitpunkt geschlüpfte Jungtiere wuchs und erheblich größer wurde. Männchen dieser Linie erreichen ein Gewicht von über 150 g und Weibchen immerhin über 100 g. Anfangs war man davon ausgegangen, dass es sich um einen klassischen heterozygoten Erbgang handelt. Es zeigte sich jedoch, dass das Merkmal codominant vererbt wird, es gibt deshalb „Giants“ sowie „Supergiants“. Sie lassen sich schon als Jungtiere am verlängerten Oberkörper und verlängerten Schwänzen erkennen. Generell lassen sie sich auch mit ihren kleineren Artgenossen vergesellschaften, man sollte jedoch sehr genau auf die Verträglichkeit achten.

Abb. 220. Albino-Giant. Foto: A&M Gecko

Intermediäre Erbgänge

Die im Folgenden vorgestellten Formen werden durch selektive Zucht den erwünschten Zuchtidealen des Züchters angenähert. Die selektive Zucht beginnt damit, dass man ein bestimmtes Zuchtideal definiert. Am Beispiel von Hypomelanismus wäre das ein reduzierter Anteil von schwarzer Färbung. Wenn dann Jungtiere mit reduziertem Schwarzanteil schlüpfen, werden diese mit anderen Leopardgeckos mit ebenso schwacher Färbung verpaart. Bei den aus dieser Verpaarung schlüpfenden Tieren sucht man dann wieder die Tiere mit dem geringsten Schwarzanteil aus und verwendet sie zur weiteren Zucht. Diesen Vorgang wiederholt man so lange, bis das gewünschte Zuchtideal erreicht ist.

Es schlüpfen jedoch nicht zwingend immer Tiere, die eher dem Zuchtideal entsprechen. Meistens hat man bei den Schlüpflingen eine Variabilität an farblicher Ausprägung, jedoch ist eine Tendenz zu erkennen. Dieser Erbgang wird als intermediär bezeichnet. Bei intermediärer Vererbung kommt es zu einer gemischten Merkmalsausprägung, die von beiden Allelen beeinflusst wird. Wenn man also einen Wildtyp-Leopardgecko mit einem hypomelanistischen kreuzt, erhält man Jungtiere, die phänotypische Merkmalsausprägungen beider Farbtypen haben.

Bei den intermediären Zuchtformen werden die Zuchtideale fortwährend verfeinert. Einige der auf diese Weise erreichten Farbformen sind so spektakulär, dass es schwer fallen mag, diese überhaupt noch mit „normal“ gefärbten Leopardgeckos in Verbindung zu bringen. Man sollte jedoch nicht vergessen, dass die Zeichnung und Färbung auch im Freiland erheblich variiert. So habe ich (K.G.) bei Großhändlern Wildfänge gesehen, die sehr groß sowie hypomelanistisch waren oder eine Tendenz zur Längszeichnung zeigten.

Hin und wieder werden aber im Handel auch andere Arten oder Unterarten als *Eublepharis macularius* angeboten und es ist davon auszugehen, dass in manchen Fällen auch Kreuzungen (Hybridisierungen) mit diesen stattfanden.

Da die Farbzucht besonders intensiv in den USA betrieben wird, tragen nahezu alle Farbformen englische Namen. Gelegentlich tragen verschiedene Zuchtformen den Beinamen „high contrast“. Dieses bezeichnet einen deutlichen Kontrast, z.B. eine intensiv gelbe Grundzeichnung kombiniert mit satten schwarzen Flecken. Man unterscheidet zwischen Veränderungen der Farbe und der Zeichnung.

Abb. 221. "High Yellow".
Foto: G. Köhler

Abb. 222. "High Yellow". Foto: G. Köhler

„High Yellow“

Anfang der 1990er Jahre war „high yellow“ die erste erhältliche Farbform. Die Bezeichnung beschreibt Leopardgeckos mit einer intensiven gelben Färbung. Um diese Färbung noch deutlicher zu machen, versuchte man zusätzlich eine Reduktion der Anzahl der Flecken auf dem Körper zu erreichen. Es gibt für diese Farb- und Zeichnungsvariante mehrere verschiedene Namen, wie „golden“ oder „hyperxanthisch“. Es handelt sich um eine sehr beliebte und sicher am häufigsten gehaltene Farbform.

Abb. 223. "High Yellow". Foto: G. Köhler

„Lavender“

Eine „lavender-Färbung“ kann man bei vielen Farbformen wiederfinden. Es handelt sich um eine grau bis lila gefärbte Zeichnung, die anstelle der Querbänderung auftritt. Sie ist bei Jungtieren häufig, wird jedoch nur von wenigen adulten Tieren beibehalten.

„Orange/Tangerine“

Auch bei Wildfängen von Leopardgeckos findet man immer wieder Tiere, die zumindest teilweise orange gefärbt sind. Als „tangerine“ bezeichnet man Geckos, bei denen dieses zu einer "Mandarin"-Färbung gezüchtet wurde. Es sind unterschiedliche Intensitäten und Farbnuancen dieser Form bekannt.

Abb. 224. Teilweise orange gefärbter Leopardgecko. Foto: D. Bohle

„Carrottail"
„Carrottail", bedeutet übersetzt „Karottenschwanz". Tiere dieser Farbform haben schwankende Anteile an Orangefärbung auf dem Schwanz. Der Marktwert variiert mit der Intensität der Färbung, dem Orangeanteil und der Reduzierung der Bänderzeichnung. Leopardgeckos werden von den meisten Züchtern erst dann als „Carrottail" bezeichnet, wenn die Färbung mindestens 30% der Gesamtlänge des Schwanzes überschreitet. Zum Zeitpunkt der Drucklegung sind noch keine Leopardgeckos mit einem 100% orange gefärbten Schwanz aufgetaucht – dies wird aber sicherlich in wenigen Jahren der Fall sein.

Abb. 225. "Red Striped Tangerine Carrottail". Foto: A&M Gecko

„Carrothead"
Die Färbung ist mit denen der „carrottails" zu vergleichen – allerdings ist bei „carrotheads" der Kopf orange gefärbt. Diese Eigenschaft tritt überwiegend in Kombination mit Albinismus auf.

„Baldy"
Der Begriff „baldy" stammt aus dem englischen und bedeutet „kahlköpfig". Hiermit werden Formen beschrieben, die keinerlei Zeichnung auf dem Kopf haben.

Abb. 226. "Hypomelanistic Tangerine Baldy", Nahansicht des Kopfes. Foto: J. Knierer

Abb. 227. "Hypomelanistic Tangerine Baldy". Foto: J. Knierer

„Hypomelanistisch"

„Hypo" steht immer im Zusammenhang mit einem Mangel. In diesem Zusammenhang mit dem mangel an Melanin, dem Pigment, das die schwarze Färbung der Geckos ausmacht. Als „hypomelanistisch" werden meistens Leopardgeckos mit weniger als zehn Punkten auf dem Körper bezeichnet. Die hypomelanistischen Formen werden oftmals mit anderen Zuchtformen kombiniert um die Zeichnung zu verändern und die Farben zu betonen. Oftmals wird hypomelanistisch mit „hypo" abgekürzt, gerade bei Kombinationen, z.B. „Hypotangerine" – hiermit ist eine Zeichnungsform mit geringem Schwarzanteil aber einer orangenen Grundfärbung gemeint. „Superhypomelanistische Formen" sind Geckos ohne Punkte auf dem Körper.

Abb. 228. Hypomelanistischer Leopardgecko. Foto: S. Heuser

Abb. 229. "Hypotangerine". Foto: D. Bohle

Abb. 230. Jungtier eines "Hypotangerine". Foto: D. Bohle

Verschiedene Farb- und Zeichnungskombinationen

„Hybino“
„Hybinos“ sind albinotische Geckos, die mit hypomelanistischen gekreuzt wurden und bei denen durch selektive Zucht die Zeichnung weiter reduziert und der Orangeanteil der Färbung meist verstärkt ist.

„A.P.T.O.R.“
„A.P.T.O.R.“ gehört zu den neueren Kombinationen. Sie wurden 2004 erstmals als Ergebnis der Zuchtbemühungen von Ron Tremper vorgestellt. Die Abkürzung steht für „albino patternless Tremper – albino orange“. Es sind also Leopardgeckos, die die Merkmale der genannten Formen kombinieren. Eine Variante dieser Farb- und Zeichnungsform ist „R.A.P.T.O.R.“. Das zusätzliche „R“ am Anfang des Kürzels steht für „ruby red eyes“, rubinrote Augen. Bei diesen Tieren ist das gesamte Auge rot gefärbt.

Abb. 231. “Sunglow”. Foto: A&M Gecko

„Sunglow“
“Sunglow” ist eine Kombination aus Albinismus, „Carrottail“, „Tangerine“ und Hypomelanismus. Diese Farbvariante wurde erstmals von Craig Stewart gezüchtet.

Abb. 232. “A.P.T.O.R”. Foto: A&M Gecko

Sonderthemen

Die kommerzielle Zucht

Leopardgeckos sind für professionelle Züchter aus verschiedenen Gründen von besonderem Interesse. Zum einen gehören diese Geckos zu den am häufigsten gepflegten Terrarientieren. Sie sind gut haltbar und sind auch für Anfänger in der Terraristik geeignet. Verschiedene Zuchtformen haben einen hohen Marktwert. Leopardgeckomännchen können bereits mit drei und die Weibchen mit neun Monaten – teilweise sogar noch früher – zuchtfähig sein, und ein Männchen paart sich relativ problemlos mit einer großen Anzahl von Weibchen. Da sie nur verhältnismäßig geringe Ansprüche an Terrariengröße, Beleuchtung, Temperatur und Futter stellen, sind die Kosten für eine groß angelegte Zucht im Vergleich mit anderen Arten gering. Sie haben eine recht hohe Temperaturtoleranz und sind wenig stressempfindlich, was sowohl den Versand als auch die Haltung in Zoofachgeschäften vereinfacht. Diese Umstände haben dazu geführt, dass die Leopardgeckos sicherlich zu den am intensivsten gezüchteten Echsen gehören.

Abb. 233. Zuchtanlage für die kommerzielle Zucht in den USA. Foto: R. Tremper

Es gibt für Leopardgeckos in der kommerziellen Zucht verschiedene Haltungsmodelle; allen gemein ist jedoch, dass die Tiere unter so genannten „sterilen Bedingungen" gehalten werden. Eine weit verbreitete Methode ist die Haltung in Regalen. In diese werden Plastikboxen in verschiedenen Größen gestellt. Beleuchtet wird entweder mit langen Leuchtstoffröhren, die mehrere Behälter bestrahlen, oder einfach nur mit der Beleuchtung der Zuchträume. Die Beheizung erfolgt beispielsweise mittels der Zentralheizung oder mit Heizkabeln. Die Einrichtung wird auf das Nötigste beschränkt. Meistens enthalten die Zuchtterrarien eine mit feuchtem Substrat gefüllte Versteckhöhle. Diese ist meistens eine Plastikdose, in deren Deckel ein kleines Loch geschnitten wird. Als weitere Ausstattung wird noch jeweils ein Schälchen für Wasser, Vitamin-Mineralstoffpräparate und Futtertiere verwendet. Auf ein Bodensubstrat wird aus Gründen des Gewichts und der Hygiene meist verzichtet; es wird allenfalls Zeitungspapier verwendet. Entweder werden die Tiere einzeln oder in Gruppen von einem Männchen mit bis zu zwanzig Weibchen gehalten. Die Winterruhe wird entweder ausgelassen oder so kurz wie möglich gehalten.

Naturalistisch eingerichtete Terrarien haben für die kommerziellen Züchter, die mehrere Tausend Jungtiere pro Jahr „produzieren“ zu viele Nachteile. Wenn Farbformen gezüchtet werden, ist es nötig, nach den im Kapitel Zuchtformen angegebenen Konzepten vorzugehen. Gerade bei der „Entwicklung“ neuer Formen ist es sehr wichtig, die Elterntiere der Jungtiere zu kennen, um später den genetischen Ursprung nachvollziehen zu können. Dazu werden die Geschlechter meist getrennt und akribische Aufzeichnungen über die Stammbäume geführt.

Die Haltung und Zucht von Leopardgeckos unter „sterilen Bedingungen“ findet man auch im Bereich der Forschung. Bereits in den 1970er Jahren wurden in England Formen der Laborhaltung für Leopardgeckos entwickelt, die zweifelsfrei auch Grundlage für die modernen Großzuchten waren (THOROGOOD & WHIMSTER 1979).

Die kommerzialisierten Formen der Haltung und Zucht sind in Deutschland nur möglich, wenn man sich an den Mindestanforderungen an die Haltung von Reptilien orientiert. Sobald das Zuchtvolumen einen gewissen Wert übersteigt, ist die Zucht genehmigungspflichtig und es müssen Steuern abgeführt werden. Es bleibt zu bedenken, dass die oben angegebenen Zuchtmethoden aus tierschützerischem Gesichtspunkt bedenklich sind. Allerdings haben sie einen Wert im Artenschutz: Sie haben den Import von Leopardgeckos weitgehend unnötig gemacht.

Zuchtbuch

Für die Halter zahlreicher Leopardgeckos kann es wichtig sein, ein Zuchtbuch zu führen um Besonderheiten der einzelnen Tiere dauerhaft dokumentieren zu können und Inzucht zu vermeiden. Gerade bei der Farbzucht ist es wichtig, die einzelnen Tiere auseinander halten zu können und ihren Ursprung zu kennen. Ein Zuchtbuch erleichtert es, gezielte Formen herauszuzüchten oder zu erhalten, Inzucht zu vermeiden und bei erwünschten und unerwünschten Mutationen die Elterntiere zu kennen. Ohne detaillierte Aufzeichnungen ist es nahezu unmöglich, bei komplizierteren Erbgängen, den Überblick zu behalten.

Im Zuchtbuch sollten folgende Angaben vermerkt werden: Gattung, Art und Unterart, soweit bekannt die Herkunft, Bezeichnung des Tieres (z.B. laufende Nummern), Schlupfdatum, Inkubationstemperatur, Geschlecht, Größe (GL, KRL), Foto in der Jungtier- und Adultzeichnung, evtl. Foto unveränderlicher Kennzeichen, Verweis auf die Eltertiere (z.B. deren Herkunft wenn nicht in eigenem Bestand, bzw. deren laufende Nummern), Durchschnittsgewicht, farbliche Ausprägung, Bemerkungen zur Heterozygotie, Erkrankungen, weitere Bemerkungen.

Leopardgeckos und Kinder

Auf dem Weg durch Zoos, Exotarien und den zoologischen Fachhandel kann man bei vielen Kindern und Jugendlichen ein großes Interesse an der vielfältigen Welt der Reptilien entdecken. Die Eltern dürfen sich jedoch nicht zu Spontankäufen hinreißen lassen! Besorgen Sie Ihrem Kind Literatur, informieren sie sich zusammen mit ihm im Internet und suchen sie das Gespräch mit Haltern und Züchtern. Erst wenn das Interesse nach einigen Wochen, eventuell Monaten, noch nicht abgeebbt ist, sollte die Anschaffung in nähere Betrachtung gezogen werden.

Leopardgeckos haben eine sehr hohe Lebenserwartung, sind dämmerungs- und nachtaktiv und müssen mit lebenden Insekten gefüttert werden. Den Eltern muss bewusst sein, dass sie bei Abwesenheit der Kinder oder einer Änderung der Interessen eventuell die komplette Verantwortung für die Tiere übernehmen müssen.

Ein Terrarium einzurichten, Reptilien zu pflegen und dauerhaft eigenverantwortlich zu versorgen kann pädagogisch sehr sinnvoll sein. In immer mehr Schulen werden Schulvivarien eingerichtet. Für diese sind Leopardgeckos sehr geeignet. Beachten Sie bitte, dass auch normalerweise ruhige Geckos empfindlich beißen und im ungünstigsten Fall blutende Wunden hinterlassen können! Ihrerseits können Kinder aber auch die grazilen Geckos erheblich verletzen. Bedenken Sie bitte auch die Gefahr durch mögliche Parasiteninfektionen und achten Sie auf strikte Hygiene, d.h. nach jedem Umgang mit den Tieren und dem Terrarium die Hände mit warmem Wasser und Seife gründlich waschen. Bei kleinen und im Umgang mit Tieren unerfahrenen Kindern sollten die Geckos nur unter Kontrolle der Eltern gepflegt werden – ein Terrarienschloss kann hilfreich sein.

Ein längeres oder ständiges Umhertragen und Spielen mit den Leopardgeckos ist für die Tiere schädlich, auch wenn sie es scheinbar geduldig über sich ergehen lassen. Man sollte den Kindern immer wieder klar machen, dass Leopardgeckos Wildtiere sind, die man sich ganz überwiegend zur Beobachtung in den Haushalt geholt hat.

Abb. 234. Kinder sind meist fasziniert von Leopardgeckos. Foto: E. Köhler

Wenn ein Leopardgecko entkommen ist ...

Es kann vorkommen, dass man in unachtsamen Momenten eine Terrarientüre ein wenig offen stehen lässt, oder dem Pfleger ein Leopardgecko bei Reinigungstätigkeiten entkommt. Rasch wird man bemerken, wie gut ein doch recht großer Leopardgecko sich selbst in kleinen Räumen verstecken kann! Wenn man trotz intensiver Suche das oder die Tiere nicht finden kann, sollte man sich zuerst einmal selbst beruhigen: Leopardgeckos können zur Not einige Wochen ohne Futter und Wasser überleben. Nichtsdestotrotz sollten Sie den oder die Ausbrecher natürlich schnellstmöglich finden und wieder ins Terrarium verbringen.

Wenn man sich wundert, dass die Terrarienschiebescheiben häufiger einmal ein wenig geöffnet sind, muss dieses nicht unbedingt auf die Vergesslichkeit des Pflegers zurückzuführen sein. Es kommt hin und wieder vor, dass ein Leopardgecko durch zufällige Grabeaktivitäten selbst schwere Scheiben bewegen kann. Einer meiner (K.G.) Geckos erlernte dieses Verhalten und öffnete die Türen, wann immer er „Lust“ auf einen Freigang bekam. Erst ein Terrarienschloss schaffte Abhilfe. Durch den Stress des Entkommens können selbst dem Menschen gegenüber freundlich gesinnte Leopardgeckos wieder ein sehr natürliches Verhalten annehmen und bei Fangversuchen herz- und schmerzhaft zubeißen. Dieses Verhalten legt sich nach einiger Zeit im Terrarium wieder.

Abb. 235. ... ein Leopardgecko ist schnell ausgebrochen. Foto: S. Heuser

Tipps zum Wiederauffinden:

- Verschließen Sie den Raum, in dem Sie den Gecko vermuten.
- An einer Stelle Bedingungen schaffen, bei denen sich der Gecko wohl fühlen würde. Eine Möglichkeit ist, eine Heizmatte in einer Ecke des Zimmers auszulegen und darauf eine Höhle zu stellen, die so enge Spalten aufweist, dass ein Gecko sich gerade noch hineinzwängen kann. Dieses Versteck regelmäßig kontrollieren.
- Plazieren sie in nächster Nähe eine flache Schale gefüllt mit Wasser und eine mit Mehlwürmern. Einen glatten Boden vorausgesetzt, können mit einem Sieb Linien aus Mehl im Zimmer verteilt werden. Gelegentlich wird der Ausbrecher dann auch eine verräterische Mehlspur hinterlassen, die einen direkt zu seinem Versteck führt.
- Sollten diese Methoden nicht den gewünschten Erfolg bringen, bleibt einem nichts anderes übrig, als sich mit einer Taschenlampe, viel Geduld und einem Quäntchen Glück bewaffnet auf nächtliche Jagd zu begeben.

Freilandaufenthalt?

Für viele andere Echsen wird der Aufenthalt in speziellen Außenterrarien dringend empfohlen. Leopardgeckos haben hiervon jedoch keinen Nutzen. Als nachtaktive Tiere sind sie weder auf erhöhte Helligkeitswerte, noch auf eine Bestrahlung mit UV angewiesen. Aufgrund ihrer Anpassungsfähigkeit ist in den warmen Monaten eine Freilandhaltung prinzipiell denkbar.

Die zeitweise stark erhöhte Feuchtigkeit, Schlechtwetterperioden, potentielle Fressfeine und andere Gefahren lassen den Freilandaufenthalt nicht rechtfertigen.

Abb. 236. Ein Freilandaufenthalt ist für Leopardgeckos nicht sinnvoll. Foto: U. Dost

Leopardgeckos im Internet

Auf der Suche nach Informationen über Reptilien kann das Internet durchaus hilfreich sein. Da Leopardgeckos zu den am häufigsten gehaltenen Reptilien gehören, gibt es gerade zu diesen Tieren eine kaum überschaubare Anzahl an Homepages. Dem interessierten Pfleger eröffnet sich so eine riesige Informationswelt. Man kann vieles über die Herkunftsländer und Lebensweise der Geckos erfahren, sich in Fachforen mit anderen Haltern austauschen, Neuigkeiten zu neuen Zuchtformen oder neuen Produkten finden und bei Privatzüchtern und Händlern Zubehör oder sogar Tiere erstehen.

Da es sich im Internet um ein Medium handelt, dass nicht überprüft wird und in dem jeder seine Meinung kundtun kann, gilt es, diese Informationen besonders zu filtern. So werden auf zahlreichen Seiten tierfeindliche Maßnahmen als artgerecht propagiert und einige selbsternannte „Experten" können den Anfänger mit falschen Informationen in die Irre führen. Suchen Sie am ehesten den Kontakt zu Menschen, die Leopardgeckos seit vielen Jahren halten und züchten. Um in den verschiedenen Foren nicht anzuecken oder gar abgewiesen zu werden, sollten Sie sich daran halten, nur im freundlichen Umgangston eindeutige Fragen zu stellen, die nicht bereits im gleichen Forum beantwortet wurden oder in der üblichen Literatur erschöpfend behandelt werden. Eine empfehlenswerte Adresse für Diskussionsforen ist die Homepage der DGHT (s. Seite 144).

Versand von Leopardgeckos

Es ist leider immer üblicher geworden, dass Leopardgeckos vom Züchter oder Händler auf dem Versandweg zum neuen Besitzer gelangen. Dieses stellt einen erheblichen Stress für die Geckos dar, und oftmals entpuppt sich das versprochene wohlgenährte Weibchen als unterernährtes Männchen! Besuchen Sie lieber selbst den Züchter und suchen Sie bei ihm Ihr Tier aus. Allein die zahlreichen Tipps eines erfahrenen Züchters machen auch weitere Anfahrtswege wieder wett. Da es in der Praxis jedoch immer wieder Fälle gibt, bei denen ein Versand scheinbar unumgänglich ist, möchten wir hierzu ein paar Hinweise geben.

Abb. 237. Transportbox für Leopardgeckos. Foto: K. Grießhammer

Zuerst einmal ist zu bemerken, dass die meisten Logistikunternehmen, wie auch die Deutsche Post AG, den Versand von Wirbeltieren nicht gestatten. Dieses macht Sinn und Versuche ein falsch deklariertes Päckchen zu versenden, sollte man aus rechtlichen Gründen und besonders dem Wohl der Tiere gegenüber tunlichst unterlassen. So kann es beispielsweise passieren, dass die Geckos extremen Witterungen ausgesetzt oder in Sortiersystemen verletzt werden. Man muss also zuerst ein Unternehmen finden, dass den Transport von Tieren durchführt. Für den Versand eignen sich am besten große Styroporkisten mit ca. 50 cm Kantenlänge. Diese erhält man bei den Versandunternehmen, aber beispielsweise oftmals auch auf freundliche Anfrage bei biologischen Instituten. In diese Kisten bohrt man zur Belüftung in jede Wand einige kleine Löcher. Die Geckos füttert man mindestens drei Tage vor dem Versand nicht mehr. Man setzt Jungtiere zum Transport in „Heimchendosen“ – erwachsene Tieren in ähnliche, aber größere Behältnisse – und füllt diese Dosen mit etlichen Blättern Zellstoff (z.B. Toilettenpapier), damit diese den Geckos ein wenig Halt und Polsterung bieten. Futtertiere und Wasser haben in dieser Dose übrigens nichts zu suchen. Die Reserven der Geckos sind für die Zeit des Versands völlig ausreichend. Ohne die Luftlöcher abzudecken klebt man die Dose mit stabilem Klebeband auf den Boden der Versandkiste. Es kann sinnvoll sein, die Kiste noch mit weiterem Material zu befüllen; es muss aber immer genügend Sauerstoff zu den Geckos gelangen können. Wärmflaschen o.ä. benötigt man für den Tierversand von Leopardgeckos

Abb. 238. Muten sie ihrem Leopardgecko keinen Versand zu. Foto: S. Heuser

nicht, da die auftretenden Temperaturen während eines Tierversands im physiologischen Toleranzbereich liegen müssen. In klimatisch extremen Phasen sollte man die Geckos ohnehin nicht versenden. Die Versandbedingungen sind je nach Unternehmen unterschiedlich; normalerweise wird die Sendung nur in den ersten drei Werktagen angenommen. Außen auf die Verpackung kommt ein Aufkleber, auf dem u.a. die genaue Bezeichnung der Tierart und eine Telefonnummer, unter der der Empfänger zu erreichen ist, angegeben wird.

Trächtige oder geschwächte Tiere sollten auf keinen Fall verschickt werden und man sollte generell immer prüfen ob ein Versand tatsächlich notwendig ist, da er immer Stress und ein potentielles Risiko für Gesundheit und Leben der Geckos darstellt.

Lebenserwartung

Unter den Reptilien findet man einige Halter von "Altersrekorden". Während manche Schildkröten über hundert Jahre alt werden können, beträgt die Lebensdauer beispielsweise einiger Kleinleguane nur wenige Jahre.

Die erste uns bekannte maximale Altersangabe für einen Leopardgecko stammt aus dem Jahre 1937 (Flower 1937). Das dort erwähnte Tier lebte elf Jahre in den Räumen der Bombay Natural History Society. Der Leopardgecko erreicht heute im Terrarium in aller Regel ein Alter von über fünfzehn Jahren. Im Gutachten über die Mindestanforderungen an die Haltung von Reptilien (Bundesministerium für Ernährung, Landwirtschaft und Forsten 1997) werden 15-20 Lebensjahre angegeben. Schifter (1988) publizierte für ein von ihm im subadultem Alter erworbenes Weibchen eine Lebensdauer von dreiundzwanzig Jahren. Marko Rekel gibt auf seiner Homepage (http://www.reckel.de/derk/derkfie.htm Stand: 03/05/2004 19:30h) ohne weitere Quelle ein erreichtes Alter von fünfundzwanzig Jahren und vier Monaten bei einem adult erworbenen Tier an.

Das wohl höchste bisher dokumentierte Alter eines Leopardgeckos veröffentlichte Ron Tremper (de Vosjoli et. al. 2004) mit einem zum Zeitpunkt der Veröffentlichung noch lebenden fast dreißig Jahre alten Männchen.

Durch die wachsenden Kenntnisse über die Bedürfnisse dieses Geckos und die verbesserten Möglichkeiten bezüglich Haltung, Futter und der Veterinärmedizin ist bei einem in heutiger Zeit erworbenen Leopardgecko ein mögliches Lebensalter von über dreißig Jahren sicher nicht auszuschließen! Weibchen, die oft Eier legen, werden erfahrungsgemäß nicht so alt wie Männchen.

Krankheiten – Vorbeugen und Heilen

Bereits vor dem Kauf sollte man sich umhören, wo man in der Umgebung einen Tierarzt findet, der sich mit Geckos auskennt. Ein Tierarzt, der in der täglichen Praxis keine Erfahrung mit Reptilien hat und sich kein entsprechendes Fachwissen angeeignet hat, ist erfahrungsgemäß mit der Diagnose und Behandlung von Erkrankungen bei Leopardgeckos überfordert. Auf der Homepage der DGHT (www.dght.de) findet sich eine Liste spezialisierter Tierärzte. Darüber hinaus lohnt eine Anfrage bei örtlichen Terrarienvereinen zu den Erfahrungen mit einzelnen Veterinärmedizinern. Es ist hervorzuheben, dass durch falsche Diagnosen und unkorrekte Behandlungsversuche wesentlich mehr Schaden als Nutzen erreicht wird! Wenn ein Tierarzt für eine Dauertherapie die Besitzer des Patienten anlernt, kann die eine oder andere Maßnahme sicher auch von Laien durchgeführt werden. Nachfolgend werden wichtige Krankheiten vorgestellt, die bei Leopardgeckos häufiger auftreten.

Viele Erkrankungen bei Leopardgeckos gehen mit Austrocknung und Störungen des Elektrolythaushalts einher. So sollte man als Pfleger bei jeder Erkrankung dafür sorgen, dass die Echse genügend Flüssigkeit zu sich nimmt. Am besten geeignet sind hierfür isotonische Kochsalzlösungen (NaCl), die man in der Apotheke erhält. Beispielsweise mit einer Pipette kann man den Leopardgeckos auf die Schnauzenspitze tropfen, bis sie anfangen die Flüssigkeit aufzulecken. In schlimmeren Fällen wird der Tierarzt eine Infusion verabreichen.

Cryptosporidien

Leopardgeckos sind sehr robuste Tiere, und generell können auch Wildfänge mit einem mäßigen Parasiten- oder Bakterienbefall gut therapiert werden. Nachzuchten sind in aller Regel völlig gesund. Leider häuften sich aber seit Mitte der 1990er Jahren die Meldungen über eine mysteriöse Erkrankung, die ganze Zuchtbestände von Leopardgeckos innerhalb kurzer Zeit dahinraffte. Anscheinend sind hierfür Protozooen der Gattung *Cryptosporidium* verantwortlich. Zu den typischen äußerlich sichtbaren Symptomen einer Infektion mit *Cryptosporidium* gehören:

- Gewichtsverlust,
- Nahrungsverweigerung
- Lethargie,
- wässriger Durchfall,
- Erbrechen, sowie das Herauswürgen, einer zuvor gefressenen Häutung (eig. Beob., Terell et al. 2003, Vosjoli et. al. 2005).

Es treten nicht bei jeder Infektion alle Symptome auf. Bei der Sektion und histologischen Untersuchung konnten bei der Untersuchung von 23 Leopardgeckos eine Cryptosporidium-Infektion mit einer Verdickung und Entzündung des Dünndarms festgestellt werden (TERELL et. al. 2003).

Wenn die Erkrankung einmal ausgebrochen ist, bauen die Geckos rasch ab. Sie werden immer dünner, bis sie nahezu sprichwörtlich nur noch aus Haut und Knochen bestehen, um schließlich zu verhungern oder an Dehydration, Organversagen bzw. Sekundärinfektionen einzugehen. Es kann jedem Halter nur dringend empfohlen werden, genau auf die beschriebenen Symptome bei den eigenen Tieren zu achten. Jeder Gecko, bei dem Anzeichen für eine solche Erkrankung auftauchen, hat so lange als *Cryptosporidium*-verdächtig zu gelten, bis das Gegenteil bewiesen ist! Da der Erreger nicht bei jeder Kotprobe zu finden ist, erweist sich der Nachweis manchmal als schwierig. Es ist auf eine strikte Isolation der verdächtigen Tiere zu achten.

Abb. 239. Geckos mit Cryptosporidien magern während des Krankheitsverlaufes stark ab.
Foto: K. Grießhammer

Abb. 240. Geckos mit Cryptosporidium-Erkrankung müssen isoliert gehalten werden.
Foto: K. Grießhammer

Wenn man merkt, dass die Geckos nicht auf die Therapie ansprechen, sollte man sich frühzeitig überlegen, die Tiere durch einen Tierarzt einschläfern zu lassen. Die Überlebenschancen bei den momentanen Therapiemöglichkeiten sind erfahrungsgemäß sehr gering. Hin und wieder sprechen einzelne Geckos auf die Therapie an und kommen wieder zu Kräften – sie tragen jedoch oftmals immer noch Erreger in sich. Diese Tiere müssen zeitlebens als potentielle Dauerausscheider gelten und müssen strikt isoliert gehalten werden. Es sollte klar sein, dass niemals Leopardgeckos, die unter dem Verdacht stehen eine *Cryptosporidium*-Infektion zu haben –zumindest ohne den entsprechenden Hinweis – an andere Halter weitergegeben werden dürfen. Solange die Veterinämediziner und Mikrobiologen keine Therapielösung für das Problem Cryptosporidose finden, liegt es an jedem einzelnen Terrarianer, die weitere Ausbreitung der Erkrankung durch konsequente Vorsichtsmaßnahmen (Quarantäne!) zu stoppen.

Empfohlene Vorgehensweise bei Verdacht auf Cryptosporidose:

- Wenn erste Symptome auftauchen, müssen alle Tiere, die mit einem verdächtigen Leopardgecko gemeinsam gehalten werden oder wurden oder für die gemeinsame Arbeitsmittel wie Pinzetten verwendet wurden, in Quarantäneterrarien überführt werden. Es hat eine strikte Isolation von anderen Reptilien stattzufinden.
- In Absprache mit einer mikrobiologischen Untersuchungsstelle (siehe Anhang) werden Kotproben, Abstriche o.ä. untersucht. Normalerweise werden Proben nicht auf *Cryptosporidium* untersucht – man sollte seinen Verdacht also mitteilen.
- Wenn eine *Cryptosporidium*-Infektion nachgewiesen wurde, muss man die strikte Quarantäne unbedingt beibehalten. Achtung: nicht alle angebotenen Desinfektionsmittel eignen sich für die Verwendung gegen Cryptosporidien.
- Sollte die Therapie des Tierarztes nicht innerhalb weniger Wochen gut sichtbare Erfolge zeigen, sollte man überlegen, die Geckos einschläfern zu lassen.
- Tiere, die die Infektion überleben sind oft weiterhin Träger des Bakteriums und müssen zeitlebens von anderen Reptilien isoliert werden.

Abb. 241. Eingefallene Augen sind häufig ein Anzeichen einer schweren Erkrankung.
Foto: K. Grießhammer

Es werden momentan einige Medikamente für die Behandlung der Cryptosporidose getestet. Man sollte sich daher im Ernstfall erkundigen, ob eventuell bereits eine erfolgreiche Behandlung bekannt wurde.

Kokzidien

Kokzidien sind einzellige Parasiten mit einem direkten Entwicklungszyklus – also ohne Zwischenwirt. In der Enge eines Terrariums kann sich innerhalb kurzer Zeit ein enormer Kokzidienbefall aufbauen („Superinfektion“). Der Nachweis der Fortpflanzungsstadien (Oocysten; vgl. Abb. 242) im Kot der Geckos ist nicht einfach, weshalb mindestens drei Kotproben untersucht werden sollten

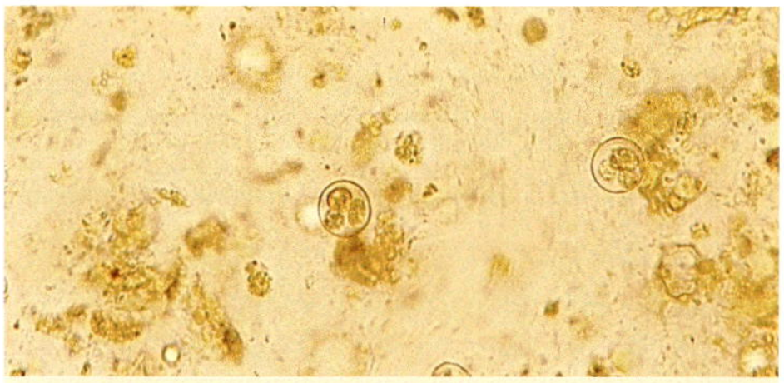

Abb. 242. Kokzidien-Oocysten. Foto: G. Köhler

(mit negativem Ergebnis – also ohne Parasitennachweis), ehe man Tiere aus dem Quarantäneterrarium umsetzt. An Kokzidiose erkrankte Geckos zeigen meist verminderten Appetit, Durchfall, Dehydration und Gewichtsverlust. Zur Behandlung wird Trimethoprim / Sulfa (30 mg / kg KM alle 48 Stunden) oder Sulfadimethoxine (50 mg / kg KM alle 48 Stunden) eingesetzt. Entscheidend für den Behandlungserfolg ist eine strikte Hygiene, um Reinfektionen zu vermeiden. Dazu richtet man zwei Quarantänebehälter ein und setzt die Geckos täglich in ein sauberes Becken um, während das andere gereinigt und desinfiziert wird. Nicht gefressene Futtertiere müssen entsorgt werden, da sie Geckokot gefressen haben können und somit eine Infektionsquelle darstellen.

Verstopfung

Ein sehr häufiger Grund für Verstopfungen bei Leopardgeckos ist die Aufnahme von Bodensubstraten, was auf einen Mineralmangel hindeuten kann. Manche Autoren vermuten, dass Protozoeninfektionen (z.B. Kokzidien) durch Reizung der Darmschleimhaut ursächlich für den Drang vermehrt Bodensubstrat aufzunehmen, verantwortlich sind (Klingenberg 2005). Mit Hilfe einer Röntgenaufnahme – eventuell mit Kontrastmittel – lässt sich eine Verstopfung nachweisen; Abb. 243 zeigt ein Röntgenfoto eines Leopardgeckos mit massiver Verstopfung. Zur Behandlung eines an Verstopfung leidenden Leopardgeckos kann man Medikamente geben, die die Darm-

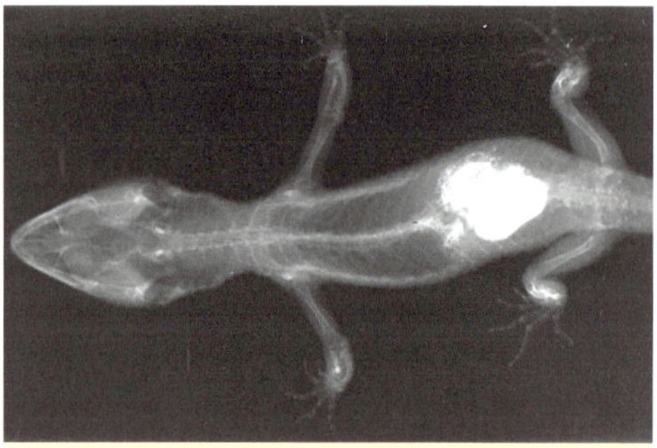

Abb. 243. Röntgenaufnahme eines Leopardgeckos mit Verstopfung. Foto: T. Eisenberg

peristaltik anregen (z.B. Metroclopramide). Weiterhin empfiehlt sich die orale und kloakale Gabe von Sonnenblumenöl (2-3 ml/kg KM). Als letzte Möglichkeit bleibt das chirurgische Vorgehen, das aber nur von Tierärzten durchgeführt werden sollte, die mit einer solchen Operation bei einer Echse bereits Erfahrung haben.

Erbrechen

Erbrechen muss kein Zeichen für eine Erkrankung sein. Oftmals liegt es einfach daran, dass die Geckos sich überfressen hatten oder zu kühl gehalten werden. Wenn die Geckos die Nahrung verweigern oder im Kot unverdaute Nahrungsreste gefunden werden, kann dieses ein Anzeichen für eine ernsthafte Erkrankung sein; aber auch dann sollte man zuerst die Haltungstemperaturen prüfen. Zu niedrige Temperaturen führen zu schlechter Verdauung.

Rachitis und Hypokalzämie

Diesen Stoffwechselstörungen liegt ein Vitamin-D-Mangel, meist verbunden mit einem Mineralstoffmangel, zugrunde, der zu einer ausbleibenden Mineralisierung des Knochengewebes und einem zu niedrigen Blutkalziumspiegel führt. Zur Vorbeugung sollte den Tieren im Terrarium immer eine Schale mit Kalzium zur Verfügung stehen. Zudem ist auf regelmäßige und ausreichende Gaben von Vitamin- und Mineralstoffpräparaten zu achten (vgl. Kapitel „Ernährung“ S. 76). Zur Behandlung eines rachitischen Geckos müssen zunächst umgehend die Haltungs- und Ernährungsbedingungen optimiert werden. Ein Gecko mit leichten Rachitissymptomen sollte mit einem oral zu verabreichenden Kalziumpräparat (z.B. Neocalglucon) behandelt werden. In schweren Fällen wird sich der Tierarzt möglicherweise für Kalziuminjektionen entscheiden. Vorhandene Verformungen sind praktisch nicht rückgängig zu machen. Bei schweren Rachitisfällen ist die Heilungsprognose ungünstig.

Legenot

Wenn Eier über das normale Legedatum hinaus im Eileiter verbleiben (z.B., weil das Weibchen die angebotenen Ablagemöglichkeiten nicht annimmt), kann sich eine lebensbedrohliche Legenot entwickeln. Die Eier nehmen dann weiterhin Wasser auf und somit an Größe zu. Schließlich beginnen sie, mit der Eileiterschleimhaut zu verkleben und können von dem Tier nicht mehr auf natürliche Weise abgelegt werden. Wenn man bei einem Weibchen Eier feststellt (z.B. dadurch, dass sie sich durch die Bauchhaut abzeichnen und eventuell sogar fühlbar sind), sollte man diese Beobachtung notieren. Legt das Tier die Eier nicht innerhalb der nächsten vier Wochen ab, kann eine beginnende Legenot vorliegen. Zunächst sollte man die vorhandenen Eiablageplätze und deren Klimabedingungen prüfen und gegebenenfalls optimieren bzw. zusätzliche Ablageboxen anbieten. Führt dies zu keinem Erfolg, muss das Tier einem Tierarzt vorgestellt werden. Dieser wird dann entscheiden, ob Oxytocin- und Kalziuminjektionen oder gar eine Operation sinnvoll erscheinen. Bei übergroßen Eiern haben Tierärzte schon mit Erfolg Eiinhalt abgesaugt, und die dadurch geschrumpften Eier wurden danach von den Weibchen ausgeschieden (KLINGENBERG 2005).

Abb. 244. Dieses übergroße Ei verursachte eine Legenot. Das Weibchen konnte das übergroße Ei nach der Behandlung durch den Tierarzt noch alleine ablegen. Foto: S. Nieft

Abb. 245. Durch Häutungsprobleme kam es zu Abschnürungen und Absterben eines Zehs. Foto: K. Grießhammer

Häutungsprobleme

Man muss immer darauf achten, dass die Geckos auch die Zehenspitzen vollständig häuten, da verbliebene Häutungsreste zu einem Abschnüren und über längeren Zeitraum zum Absterben des betroffenen Abschnitts führen. Ursache für Häutungsprobleme ist meist das Fehlen von geeigneten feuchten Höhlen, manchmal aber auch eine insgesamt zu feuchte Haltung. Auch ein Vitamin-A-Mangel kann ursächlich für Häutungsprobleme verantwortlich sein – bei der Gabe von Vitamin-A-Präparaten ist aber zu beachten, dass Überdosierungen zu schwerwiegenden Gesundheitsschäden bei den Geckos führen.

Bissverletzungen

Im Terrarium kann es zu Auseinandersetzungen zwischen den Tieren mit zum Teil schweren Bissverletzungen kommen; dabei können die Tiere Zehen verlieren oder Hautverletzungen zugefügt bekommen. Bei der Paarung kann das Männchen das Weibchen im Nackenbereich durch Paarungsbisse verletzen. Leichte Verletzungen werden gereinigt (mit steriler Kochsalzlösung) und desinfiziert (z.B. mit Betaisodona-Lösung). Schwere Verletzungen müssen umgehend einem Tierarzt vorgestellt werden.

Schwellungen hinter den Axillartaschen

Hin und wieder treten bei adulten Leopardgeckos ein- oder beidseitige Schwellungen hinter den Vorderbeinen oder hinter dem Tympanum auf. Diese sind mit einer wäßrig-klaren Flüssigkeit gefüllt. Woher diese Schwellungen kommen, ist nicht vollständig geklärt, aber sie tauchen verstärkt bei sehr gut genährten Weibchen auf. Oftmals verschwinden sie nach einigen Wochen wieder, bei anderen Tieren bleiben sie erhalten. Normalerweise stellen sie keine gesundheitliche Gefahr für die Geckos dar. Wenn die Schwellungen so groß werden, dass sie die Tiere bei der Fortbewegung stören oder sich das Verhalten der Geckos ändert, sollte der Tierarzt die Stelle punktieren und die Flüssigkeit untersuchen lassen.

Abb. 246. Schwellung hinter den Axillartaschen. Foto: K. Grießhammer

Literaturverzeichnis

ABRAHAM, G. (1986): *Eublepharis macularius* (BLYTH). Sauria, Suppl., Berlin: 33-34.

ANDERSON, S.C. & LEVITON, A.E. (1966): A new species of *Eublepharis* from southwestern Iran (Reptilia: Gekkonidae). – Occ. Pap. Cal. Acad. Sci. 53: 1-5.

ANDERSON, S.C. (1999): The lizards of Iran. – SSAR, Saint Louis, Missouri (Contributions to Herpetology No. 15), 1-442.

ANGILETTA, M.J., JR., MONTGOMERY, L.G., WERNER, Y. (1999): Temperature preferences in geckos: Diel variation in juveniles and adults. – Herpetologica 55(2): 212-222.

AUTUMN, K. & DENARDO, D. (1995): Behavioral thermoregulation increases growth rate in a nocturnal lizard. – Jour. Herpetol. 29(2): 157-162.

BALOUTCH, M. & THIREAU, M. (1986): Une espece nouvelle de gecko, *Eublepharis ensafi* (Sauria, Gekkonidae, Eublepharinae) du Khouzistan (Sud ouest de l'Iran). – Bulletin Mensuel de la Societe Linneenne de Lyon 55(8): 281-288.

BLYTH, E. (1854): Proceedings of the Society. Report of the Curator, Zoological Department. – J. Asiatic Soc. Bengal 23: 737-740.

BÖRNER, A.R. (1974): Ein neuer Lidgecko der Gattung *Eublepharis* Gray 1827. – Miscellaneous Articles in Saurology 4: 5-13.

BÖRNER, A.R. (1976): Second contribution to the systematics of the southwest Asian lizards of the geckonid genus *Eublepharis* GRAY 1827: Materials from the Indian subcontinent. – Saurologica 2: 1-15.

BÖRNER, A.R. (1981): Third contribution to the systematics of the southwest Asian lizards of the geckonid genus *Eublepharis* GRAY 1827: Further materials from the Indian subcontinent. – Saurologica 3: 1-7.

BOULENGER, G.A. (1885): Catalogue of the Lizards in the British Museum (Nat. Hist.) I. Geckonidae, Eublepharidae, Uroplatidae, Pygopodidae, Agamidae. – London: 450 S.

BOULENGER, G.A. (1890): On the occurence of *Eublepharis macularius* in Transcaspia. – Ann. Mag. nat. Hist. (6) 6: 352

BRILLET, C. (1990): Role des informations olfactives et visuelles dans la discriminations du sex chez deux especes de geckos nocturnes: *Eublepharis macularius* et *Paroedura pictus*.- Bol. Behav. 15: 1-22.

BULL, J.J. (1987): Temperature-sensitive periods of sex determination in a lizard: similarities with turtles and crocodilians. – J. Exp. Zool. 241: 143-148.

BUNDESMINISTERIUM FÜR ERNÄHRUNG, LANDWIRTSCHAFT UND FORSTEN, REFERAT TIERSCHUTZ (1997): Gutachten über Mindestanforderungen an die Haltung von Reptilien – Bonn, 76 S.

COOPER, W.E. & STEELE, L.J. (1997): Pheromonal discrimination of sex by male and female leopard geckos (*Eublepharis macularius*). – Journal of Chemical Evolution 23(12): 2967-2977.

DAREVSKY, I.S. (1977): *Eublepharis turcmenicus*. S. 83-84. In BANNIKOV, A.G., DAREVSKY, I.S., ISHCHENKO, V.G., RUSTAMOV, A.K. & SHCHERBAK N.N.: Guide to the amphibian and reptilian fauna of the USSR [in Russian]. – Prosveshchenie, Moscow.

DAREVSKY, I.S. (1978): About the gecko genus *Eublepharis* occuring in Middle Asia [in Russian]. Proceedings of the Zoological Institute, Academia of Science, USSR, 61:204-209.

DAS, I. (1997): Resolution of the systematic status of *Eublepharis macularius fuscus* BOERNER, 1981 (Eublepharidae: Sauria: Squamata). – Hamadryad 22(1): 13-20.

DAS, I. (1992): *Cnemaspis madarensis* SHARMA (1980), a junior synonym of *Eublepharis macularius* (BLYTH, 1854). – Asiatic Herpetological Research 4: 55-56.

DEPERNO, CHRISTOPHER S; COOPER, WILLIAM E (1996): Labial-licking for chemical sampling by the leopard gecko (*Eublepharis macularius*). Jour. Herpetol. 30(4, Dec), 540-543.

FLOWER, S.S. (1937): Further Notes on the Duration of Life in Animals. Reptiles. – Proc. Zool. Soc. London 107: 1-39.

FRIEDERICH, U. & VOLLAND, W. (1992): Futtertierzucht. – Stuttgart (Eugen Ulmer Verlag).

GRAY, J.E. (1827): A synopsis of the genera of saurian reptiles in which some new genera are indicated, and the others reviewed by actual examination. – Philos. Mag., London, N.S. 2(2): 54-58.

GRISMER, L.L. (1988): Phylogeny, taxonomy, classification, and the biogeography of eublepharid geckos. S. 369–469. In: ESTES, R. & G. PREGILL (Eds.): Pylogenetic relationships of the lizard families. – Stanford, California (Stanford Univ. Press): 631 S.

GRISMER, L.L. (1989): *Eublepharis ensafi* Baloutch and Thireau, 1986: A junior synonym of *E. angramainyu* Anderson and Leviton, 1966. – Journal of Herpetology 23(1): 94-95.

GRISMER, L.L. (1991): Cladistic relationships of the lizard *Eublepharis turcmenicus* (Squamata: Eublepharidae). – J. Herpetol. 25(2): 251-253.

GÖCMEN, B., TOSUNOGLU, M. & AYAZ, D. (2002): First record of the Leopard Gecko *Eublepharis angramainyu* (Reptilia: Sauria: Eublepharidae) from Anatolia. – Herpetological Journal 12(2):79-80.

GÜNTHER, A. (1864): Description of a new species of *Eublepharis*. – Ann. Mag. nat. Hist. (3) 14: 429-430.

GUTZKE, W.H.N. & CREWS, D. (1988): Embryonic temperature determines adult sexuality in a reptile. – Nature, London, 332: 832-834.

HAN, D., ZHOU, K. & BAUER, A.M. (2004): Phylogenetic relationships among gekkotan lizards inferred from C-mos nuclear DANN sequences and a new classification of the Gekkota. – Biological Journal of the Linnean Society 83(3): 353-368.

HARDWICKE, R. & GRAY, J.E. (1827): A synopsis of the species of saurian reptiles, collected in India by Major-General Hardwicke. – Zool. J. 3:213-229.

HENKEL, F.W., KNÖTHIG, M. & SCHMIDT, W. (2000): Leopardgeckos. – Münster (Natur und Tier Verlag), 80 S.

HUDDLESON, P.I. (2000): Design and observation of a self-sustaining vivarium for leopard geckos. – The Vivarium 2: 38-41.

IKEMOTO, T. & PARK, M.K. (2003): Identification and characterization of the reptilian GnRH-II gene in the leopard gecko, *Eublepharis macularius*, and its evolutionary considerations. –Gene 16:157-165.

KLINGENBERG, R. (2005): The recognition and treatment of disease. S. 231-248 in: VOSJOLI, P. DE, TREMPER, R. & KLINGENBERG, R. (Hrsg.): The Herpetoculture of Leopard Geckos. Twenty-seven Generations of Living Art. – Advanced Visions Inc. 259 S.

KLUGE, A.G. (1987): Cladistic relationships in the Gekkonidae (Squamata, Sauria). – Misc. Publ. Mus. Zool. Univ. Michigan, Ann Arbor, 173: 1–54.

KÖHLER, G. (1996): Krankheiten der Amphibien und Reptilien. – Stuttgart (Ulmer Verlag), 168 S.

KÖHLER, G. (2005): Inkubation von Reptilieneiern. – 2. erweit. Auflage, Offenbach (Herpeton-Verlag), 254 S.

KUMAR-SHARMA, S. (1995): Instance of a grey musk shrew (*Suncus murinus*) attacking a fat tailed gecko (*Eublepharis macularius*). – Journal of the Bombay Natural History Society, 92(3): 411.

LEVITON, A.E. & ANDERSON, S.C., (1970): The amphibians and reptiles of Afghanistan, a checklist and key to the herpetofauna. – Proc. Calif. Acad. Sci. 38(10): 163-206.

LEVITON, A.E., ANDERSON, S.C., ADLER, K. & MINTON, S.A. (1992): Handbook to Middle East Amphibians and Reptiles. – SSAR, Oxford, Ohio (Contributions to Herpetology No. 8), 1-252.

LOVE, B. (2003):Western Herp Perspectives „Über das Zähmen von Terrarientieren“. – Reptilia (D) 8(3): 18-19.

MINTON, S.A. (1966): A contribution to the herpetology of West Pakistan. – Bulletin of the American Museum of Natural History 134(2): 29-184.

PUGSLEY, S.L., SPRATT, D. & SAMOUR, J.H. (1985): Death in leopard geckos (*Eublepharis macularius*) following ingestion of vermiculite. – Lab Anim. 19(4): 284-287.

RAINWATER, T. (1998): Albino Leopard Geckos. – The Vivarium 9(5): 6-8.

RHODE, M. (1991): Der Leopardgecko, *Eublepharis macularius* (BLYTH, 1854): immer noch für eine Überraschung gut. – Sauria, Berlin 13(3): 29.

RÖSLER, H. (1995): Geckos der Welt - Alle Gattungen. - 1. Auflage. Urania-Verlag Leipzig, Jena, Berlin: 255 S.

RÖSLER, H. (1996): Field observations and captive husbandry in *Eublepharis turcmenicus*, Darewsky, 1978. – Dactylus3(1): 24-28.

RÖSLER, H. (1997): Paläarktische Geckos (Reptilia: Gekkota) Teil I: Historischer Überblick, Geographie und Klima, Verbreitung. Sauria 19 (1): 17-28.

RÖSLER, H. (1999): Paläarktische Geckos (Reptilia: Gekkota). Teil II: *Eublepharis turcmenicus* DAREVSKY 1978. Sauria 21(3): 21-26.

RÖSLER, H. (2000): Kommentierte Liste der rezent, subrezent und fossil bekannten Geckotaxa (Reptilia: Gekkonomorpha). – Gekkota 2: 28-153.

RÖSLER, H. (2005): Vermehrung von Geckos. – Offenbach (Herpeton-Verlag), 270 S.

SMITH, M.A. (1935): Reptiles and Amphibia, Vol. II. in: The fauna of British India, including Ceylon and Burma. – London (Taylor and Francis), 440 S.

SAKATA, J.T., GUPTA, A., CHUANG, C.-P. & CREWS, D. (2002): Social experience affects territorial and reproductive behaviours in male leopard geckos, *Eublepharis macularius*. – Animal Behaviour 63: 487-493.

SCHIFTER, H. (1988): Bemerkenswerte Lebensdauer eines *Eublepharis macularius* (BLYTH 1854) (Sauria: Gekkonidae) in Gefangenschaft. – Salamandra 24(4): 310-311.

SCHLEICH, H.H. & KÄSTLE, W. (1988): Reptile egg-shells. SEM Atlas. – Stuttgart (Gustav Fischer Verlag), 123 S.

SCHOBER (sic! – eigentlich Kober, Ingo), I. (1996): Warnung vor Vermiculite, DATZ 1996(4): 267.

SCHRÖDER, E. (1999): *Paroedura pictus* (PETERS). –Sauria, Suppl., Berlin, 21(3): 452.

SHARMA, R.C. (1980): Discovery of a luminous geckonid lizard from India. – Bulletin of the Zoological Survey of India 3(1-2): 111-112.

SHARMA, R.C. (2002): The Fauna of India and the adjacent countries - Reptilia (Sauria) Vol. II. –Zool. Surv. India, Kolkata, 430 S.

SHINE, R. (1999): Why is sex determined by nest temperature in many reptiles? – Trends Ecol. Evol. 14(5): 186-189.

SMITH, M.A. (1935): Reptiles and Amphibia, Vol. II. in: The fauna of British India, including Ceylon and Burma. – London (Taylor and Francis), 440 S.

SZCZERBAK, N.N. (2003): Guide to the Reptiles of the Western Palearctic. – Malabar (Krieger Publ. Comp.): 260 S.

SZCZERBAK, N.N. & GOLUBEV, M.L. (1986): [The gecko fauna of the USSR and adjacent regions]. – Kiev (Nauka Dymka.): 232 S. (in russisch)

TERRELL, S. P., UHL, E. W. & FUNK, R. S. (2003): Proliferative enteritis in leopard geckos (*Eublepharis macularius*) associated with *Cryptosporidium* sp. infection. – Journal of Zoo and Wildlife Medicine 34(1): 69-75.

THOROGOOD, J. & WHIMSTER, I.W. (1979): The maintenance and breeding of the leopard gecko *Eublepharis macularius* as a laboratory animal. – International Zoo Yearbook 19: 74-78.

TOSONOGLU, M, AYAZ, D., TOK, C.V., OLGUN, K. & AFSAR, M. (2005): Morphology of *Eublepharis angramainyu* Anderson & Leviton, 1966 in Turkey. – Herpetozoa 18(1-2): 61-67.

TOUSIGNANT, A. & CREWS, D. (1995): Incubation temperature and gonadal sex affect growth and physiology in the leopard gecko (*Eublepharis macularius*), a lizard with temperature-dpendent sex determination. – J. Morphol. 224: 159-179.

VILLAREAL, D. L. & FERNANDEZ, H. G. (1996): Bacterial Flora Present in Skin, Mouth and Cloaca of the Leopard Gecko, *Eublepharis macularius* BLYTH, 1854. – Dactylus 3(1): 29-33.

VOSJOLI, P. DE, KLINGENBERG, R. , TREMPER, R. & VIETS, B. (2004): The Leopard Gecko Manual. – Irvine, California (The Herpetocultural Library, Advanced Vivarium Systems), 95 S.

VOSJOLI, P. DE, TREMPER, R. & KLINGENBERG, R. (2005): The Herpetoculture of Leopard Geckos. Twenty-seven Generations of Living Art. – Advanced Visions Inc. 259 S.

WAGNER, E. (1974): Breeding of the leopard gecko *Eublepharis macularius* at Seattle Zoo. – International Yearbook 14: 84-86

WERNER, Y.L. (1976): Optimal temperatures for inner-ear performance in gekkonoid lizards. – Jour. Exp. Zool. 195: 319-351.

WERNER, YEHUDAH LEOPOLD (1976): Optimal temperatures for inner-ear performance in gekkonoid lizards. Jour. Exp. Zool. 195(3, March), 319-351

WILHELM, H. (1998): Ein Klassiker im Terrarium: der Leopardgecko *Eublepharis macularius*. – Reptilia (D) 3(4): 30-32.

WILMS, T. (1989): Über die altersbedingte Zeichnungsveränderung bei *Eublepharis macularius*. – Herpetofauna, Weinstadt, 11(62): 13-16.

WILMS, T. (2004): Der Leopardgecko – nicht nur ein Einsteigertier. –Reptilia (D) 46 9(2): 56-62.

WILMS, T. (2004): Terrarieneinrichtung.– Münster (Natur und Tier-Verlag), 128 S.

Glossar

adult geschlechtsreif, erwachsen

Autotomie Abwerfen des Schwanzes an der Sollbruchstelle

dorsal am Rücken, rückenwärts

Ektoparasiten Außenparasiten

endemisch in der Verbreitung auf ein bestimmtes Gebiet beschränkt, kleinräumig verbreitet

Endoparasiten Innenparasiten

gekielt mit einer Leiste

GL Gesamtlänge

heterogen verschieden

Holotypus das zum Zeitpunkt der Erstbeschreibung als Belegexemplar angesprochene Exemplar und damit das "Eichmaß" für die betreffende Art

homogen gleichartig

Inkubation Entwicklungsphase der Eier, Erbrüten von Eiern

juvenil jugendlich, noch nicht geschlechtsreif

Kopulation Paarung

KRL Kopf-Rumpflänge, Meßstrecke von Schnauzenspitze zu Kloakenspalt

lateral an der Seite, seitlich

LBH Länge x Breite x Höhe

Mentale Kinnschild

monophyletisch von einer Urform abstammend, eine geschlossene Abstammungsgemeinschaft bildend

phylogenetisch die Stammesgeschichte betreffend

Postnasalia Schuppen hinter dem Nasenloch

Postmentalia Schuppen hinter dem Kinnschild (Mentale)

Präanalporen artspezifisch angeordnete Drüsenöffnungen im ventralen Beckenbereich (vor der Kloakenöffnung), die in einer mehr oder weniger regelmäßigen Längsreihe angeordnet sind.

Rostrale Schnauzenschuppe

Subdigitallamellen lamellenartig verbreiterte Schuppen an der Unterseite der Zehen

Supralabialia Oberlippenschilde

sympatrisch zusammen vorkommend

Synonym in der Systematik: ein für ungültig erklärter Name

Tuberkel Kegelschuppe

ventral am Bauch, bauchwärts

Vertebrallinie längsverlaufende Linie in der Rückenmitte

Untersuchungsstellen

GeVo Diagnostik
Gesellschaft für medizinische und biologische Untersuchungen mbH
Jakobstr. 65
70794 Filderstadt
www.gevo-diagnostik.de

Institut für Zoologie,
Fischereibiologie und Fischkrankheiten der tierärztlichen Fakultät LMU München
Kaulbachstr. 37
80539 München
www.vetmed.uni-nuenchen.de/zoofisch

Poliklinik für Vogel- und Reptilienkrankheiten,
Universität Leipzig,
An den Tierkliniken 17,
04103 Leipzig

Register

Aus unserem Verlagsprogramm

Weitere Titel:

- **Bartagamen** von Köhler/ Grießhammer/Schuster
  190 S., 251 Farbf.; € 29,70
- **Kornnattern** von Köhler/Berg
  142 S., 194 Farbf.; € 22,80
- **Stachelleguane** von G. Köhler / P. Heimes
  176 S., 241 Farbf.; € 19,80
- **Halsbandleguane** von R. Schumacher
  138 S., 169 Farbf.; € 22,80
- **Dornschwanzagamen** von T. Wilms
  144 S., 138 Farbf.; € 24,60
- **Krötenechsen** von Baur / Montanucci
  160 S., 57 Farbf., € 16,50
- **Der Grüne Leguan** Biologie, Pflege, Zucht und Erkrankungen von G. Köhler,
  160 S., 90 Farbf., € 29,70
- **Der Grüne Leguan im Terrarium**
  von G. Köhler, 78 S., 86 Farbf., € 17,80
- **Der Grüne Baumpython** von Weier / Vitt
  112 S., 51 Farbf., € 22,50
- **Tejus** von Köhler / Langerwerf
  78 S., 61 Farbf., € 18,50
- **Basilisken** von G. Köhler
  96 S., 64 Farbf., € 20,40
- **Vermehrung von Geckos**
  von H. Rösler 270 S., 157 Farbf.; € 39,90
- **Vermehrung von Chamäleons**
  von G. Masurat 142 S., 121 Farbf.; € 29,90
- **Vermehrung von Landschildkröten**
  von T. Vinke/S. Vinke 189 S., 231 Farbf.; € 39,90
- **Inkubation von Reptilieneiern**
  von G. Köhler 254 S., 180 Farbf.; € 39,90
- **Reptilien und Amphibien Mittelamerikas**
  von G. Köhler
  Band 1: Krokodile, Schildkröten, Echsen
  160 S., 178 Farbf., € 29,70
  Band 2: Schlangen
  174 S., 230 Farbf., € 34,80
- **DVD-Videofilm "Der Grüne Leguan"**
  Pflege und Zucht, Länge: 30 Min., € 19,80
- **DVD-Videofilm "Griechische Landschildkröten"**
  Pflege und Zucht, Länge: 50 Min., € 19,80
- **DVD-Videofilm "Bartagamen"**
  Pflege und Zucht, Länge: 34 Min., € 19,80

DVD-Videofilm • Pflege und Zucht
Länge: 50 min • € 19,80

Inkubation von Reptilieneiern

von Gunther Köhler
mit Beiträgen von: B. Eidenmüller, M. Knirr, J. Krüger, W. Sachsse, R. Seipp u. R. Wicker
254 Seiten • Festeinband • 180 Fotos
€ 39,90 • ISBN 3-936180-11-3

Zum Inhalt: Entwicklung des Embryos im Reptilienei: Grundlagen der Inkubation: Einfluss der Temperatur, Einfluss der Feuchtigkeit, Anleitung zum Bau eines Motorbrüters, Pflege und Kontrolle der Eier, Verderben von Eiern, Absterben von schlupfreifen Jungtieren, Künstliches Öffnen von Eiern, Gelege- und Inkubationsdaten von über 1750 Reptilienarten und -unterarten mit Literaturhinweisen ... u.v.m.

Fordern sie unseren kostenfreien Gesamtprospekt an:

HERPETON
Verlag Elke Köhler
Rohrstr. 22 • D-63075 Offenbach
Tel. 069-86777266 • Fax: 069-86777571